漂浮的庇护所

勒·柯布西耶与
路易丝－凯瑟琳号

[法]
米歇尔·康塔尔－迪帕尔 著

李未萌 王敬妍 张慧若
王兆琦 董弋奉 译

中国建筑工业出版社

本书引进、翻译、出版的过程得到日本神户大学远藤秀平教授与翻译家古贺顺子女士的大力协助，谨致谢忱。

献给玛丽－多米尼克（Marie-Dominique）、
萨拉（Sarah）、
利拉（Leila）和
特丝（Tess）

建筑的形态源自何处，
如果不能理解这一点，
就成了形态的奴隶，
终而一无所获。

——马塞尔·普鲁斯特

序言

初次邂逅"路易丝-凯瑟琳号"是什么时候呢？对于这艘为了收容无家可归的人而被柯布西耶改造的平底船，我一直有种似曾相识的感觉。它在巴黎奥斯特里茨（Austerlitz）的车站前、塞纳河的河水中，悠然地漂浮着。我曾在很长的一段时间内在波城（Pau）从事城市规划工作，那段时间我每个月都会两次乘坐夜行列车"蓝色巴伦布号"，来到巴黎。而每当来到巴黎，我必定会去看这艘客船。人们在船上度过一夜，第二天再次去街上流浪。这艘不可思议的客船同凡尔赛宫内镜厅的长度几乎相同。我特别喜欢去看这艘船。

在离这艘船数米远的奥斯特里茨桥上，刻着为了测量塞纳河的水深而设定的标尺，以便于调整水量。在此，塞纳河的风景为之一变。河道上的波浪和水流都没有发生剧烈的变化，但是周围风景发生了改变，两岸的里昂（Lyon）车站和奥斯特里茨车站下的停船处显现出来。奥斯特里茨桥的下游是更加真实的巴黎——庭园、公园、高级宅邸林立的圣路易岛和西岱岛、拉丁区、书籍一条街。巴黎圣母院的巨大的身影出现在视野中，将街道一分为二：右岸是商人的地区，左岸是神职人员的地区。每隔400米左右都架着一座桥，每个桥附近的地区的样子都以拓扑几何学的方式略微有所变化。再说说桥的上游。古老的街道全部都被拆毁，主要道路和方盒子似的办公楼鳞次栉比。这些巨大的现代机械被不断地建造出来，无时无刻不在驱赶着残存的自然。每隔大约1公里就有车用桥梁横架在河流之上。这样的街道对塞纳河实在很不友好。

街道和塞纳河沿线的勒哈贝（la Rapée）高架线的对岸，有一座钢筋混凝土的建筑。这个建筑以前是作为市营仓库的船坞码头而使用的。这里曾经作为河川物流中心，并设立了海运交易所。建筑物的栏杆、楼梯、起重机、秋千桥，将它与河岸联系起来，一同漂浮在河边。柯布西耶认为这座建筑物对巴黎毫无恶意，称它是巴黎最美丽的建筑物之一。

船坞倒映在河面上，给人留下深刻的印象。巴黎的河川局曾探讨过对船坞的遗址进行再利用。虽然从将遗址进行有效利用的出发点来看，用绿色的网状体覆盖的改建方案获得了好评，但这样一来从内部的道路和餐厅看不到塞纳河的流水了。

从巴黎郊外开始一直流经地下的比耶夫尔（Bièvre）河在"路易丝－凯瑟琳号"船尾的位置涌出地面。沿着比耶夫尔河的流域，一幅充满魅力的知识文明画卷在此展开——代表自然环境的植物园、代表科学的瑞西耶（Jussieu）、代表医学的皮蒂耶·萨尔佩蒂耶（Pitié-Salpêtrière）医院各自在自己的领域作出了贡献。

2005年3月，我骑着自行车，前往拴在奥斯特里茨停泊处的船舶"贾斯汀（Justine）号"。我那时也住在苏法利诺停泊处的汽艇阿尔特米亚号上。离开了河川，穿梭于机动车单行道与禁止通行的道路之间。逆着河流在塞纳河左岸向河川上游的方向行进，穿过圣杰尔曼（Saint-Germain）大道，进入残存着从前的地形的道路。一直通向船的道路让我感到熟悉而亲切。穿过与大道相连的比耶夫尔老街，就到达了目的地。在那里，"简·史密斯号"的主人、做得一手好料理的弗朗西斯·凯尔特奇安（Francis Kertekian），实业家让-马克·多芒热（Jean-Marc Domange），以及在大学教授学问的维尔日妮·勒·卡尔韦纳克（Virginie Le Carvennec）女士和勒内·勒诺布勒（René Lenoble）愉快地围桌而坐。四人之间存在着共同点：他们都或是正住在奥斯特里茨停泊处的船上，或是曾经在这里居住过，每天从船的甲板上眺望川流不息的人群。1995年以后，收容流浪者的行为被禁止了。四个人都抱有将船买下来、进行修复、唤醒它的历史、使之化身为塞纳河的外交大使的梦想。"厨师长"弗朗西斯觉得再有个建筑师加入的话或许不错，便邀请我参加了这个餐会。这时，我还没有想到自己会有缘由受邀参加这个"柏拉图的盛宴"。巡视参观钢筋混凝土老化的船体，并与许多"缪斯女神"们相遇这样的事情更是之前做梦也想不到的。

"路易丝-凯瑟琳号"就像特别喜欢河流和平底船的乔治·西默农（Georges Simenon）[*1]的侦探小说里的解密故事一样，充满了待解的谜团。"路易丝-凯瑟琳号"编织着令人难以置信的故事，追溯着消逝了的过往世界的旅程，刻画着城市规划、建筑学家的人生，并给我带来了些许的邂逅。有了友情，然后有了项目，无尽的热情不断地迸发出来。这艘亲爱的"鹦鹉螺号"[*2]，隐藏着许许多多意想不到的故事情节，而现在这些故事便要开始了。

---

*1 乔治·西默农（1903-1989），比利时小说家、推理作家。曾经发表过法语小说。
*2 法国科幻小说家儒勒·凡尔纳所写的《海底两万里》和《神秘岛》中出现的潜水艇的名字。

连结东京与巴黎的大栈桥

1929年，混凝土运输船"路易丝-凯瑟琳号"经勒·柯布西耶的手被改造为"救世军"的漂浮的庇护所（Asile Flottant）。2019年，这艘船将迎来100周年。

1995年起，船被闲置在塞纳河岸，许多人认为它除了被解体，别无他法。

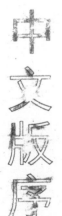

就在此时，有五位志同道合的朋友为了修复这一历史的见证、唤醒现代建筑的源泉而集结在了一起。在2006年，五人将这艘船买下，因为他们认为有义务向世人展示柯布西耶这一自我理论实践的钢筋混凝土作品。同年秋天，这个项目的核心人物弗朗西斯·凯尔特奇安、建筑师米歇尔·康塔尔-迪帕尔、混凝土业界的实业家让-马克·多芒热相聚一堂。席间，让-马克·多芒热打开远藤秀平的书，提议委托远藤秀平设计保护修复工作现场的遮蔽物。遮蔽物的模型在2008年巴黎秋季艺术节展示期间获得了广泛好评。

2008年12月，"路易丝－凯瑟琳号"入选法国国家历史建筑。

自1858年日法通商和约缔结以来，两国的友谊绵远流长，而今天我们想要将其持续下去。在1867年和1878年的巴黎世博会上，法国得以了解到日本的艺术。在巴黎举行的装饰艺术博览会上，勒·柯布西耶的"新精神馆"、罗伯特·马莱史提文斯的"观光馆"以及1937年巴黎世博会的"日本馆"都展示了最新的现代建筑。

从这个时代开始，日法之间的合作关系渐渐开启。日本建筑师前川国男和坂仓准三、吉坂隆正架起了与斯韦尔大街35号柯布西耶建筑事务所的桥梁，并与巴黎设计师夏洛特·贝里安（Charlotte Perriand）建立了友谊关系。

今天我们做这个工作的目的是，对柯布西耶的船进行修复，将其作为介绍建筑相关文化的场所，通过各种企划活动，保证今后的修复工作持续进行。

　　2017年，"漂浮的庇护所修复展"在东京举行，然后陆续在横滨、大阪、山口县巡回展出。通过一系列活动，也有越来越多的日本人开始关注柯布西耶的这艘船。2018年开始，我们先后在中国的天津、沈阳、北京举办"漂浮的庇护所修复展"。太平洋西岸的日本、中国和大西洋东岸的法国，同为临海之邦，我们的活动一定能在各国之间架起友谊的桥梁。

图录

混凝土的炼金术

第 1 章

混凝土的炼金术

园艺师朗博

世界博览会

发明之时

混凝土的 10 年

网艺师胡博

世界博览会

发明之时

混凝土

1

说到混凝土制的船，有很多人会有这样的疑问："混凝土怎么能够浮在水面上呢？芝加哥的暴力团体不是经常把对手的两脚绑上四方形的混凝土块，然后将他沉入水底吗？"那么，用阿基米德原理考虑一下试试看吧。沉入液体中的物体，都会受到自下向上的垂直浮力的作用。不论什么物体，都会受到一个浮力，其大小等于该物体所排开的流体重量。比如说，在盛满水的桶中，想要垂直按下一个中空的锅，让锅浸入水中，这是做不到的吧。平底船"路易丝-凯瑟琳号"（Louise-Catherine）也是如此，它受到的水压等同于浸在水中的船体的重量，因而漂浮在塞纳河中。

总之，这一切都是容积与重力的问题。比木材重、比铁轻的混凝土能浮在水面上，换言之，花岗石、钢铁也一样能浮在水面上。

人们对混凝土的印象欠佳。若是缺乏想象力的设计者，就无法发挥出混凝土这一高贵建材的特性。我想简单地说明一下将混凝土和钢筋一体化的好处。在此，不对混凝土的基本使用方法进行赘述，而是想整理并介绍一下混凝土的炼金术。

第一基本认识：所谓水泥，就是把石灰和黏土混合起来烧制，然后捻磨成粉末。在这种粉末里加入水使之变成糊状，水分蒸发后就会变硬。在加水的粉末里面混入小石子，就得到了混凝土。如果在这个阶段也加上水来增加强度，就能制出抗压能力强的新素材。如果在混凝土中加上钢筋，就成为钢筋混凝土。钢筋和混凝土的膨胀率相同，两者的成分完美地结合在一起。包裹在水泥中的铁不会生锈。特别是这种新材料不仅承载压力的能力强，并且还耐拉伸，具有此前的其他材料所不具有的耐久性。这种混合物，是经历了反复的实验试错才诞生的。与其说是研究成果，不如说是偶然中形成的技术，从各种技术者的经验中，将水泥的成分逐渐确定下来。

1818年，国家路桥学校（École nationale des ponts et chaussées）出身的路易·维卡（Louis Vicat）[1]首次成功地将制作水硬性石灰的成分和比例确定下来。1824年，苏格兰的实业家约瑟夫·阿斯普丁（Joseph Aspdin）将烧制的水泥商品化并以"波特兰水泥"来命名。

水泥真正的发明者其实是罗马人这件事，历史学家们当然是知道的。罗马人早就知道利用水做成黏合剂的制法：他们利用石灰和砖块的碎屑、波佐利（Pozzuoli）地区的火山灰进行混合。在古代的混凝土中，火山灰也因此被以"pozzolana"命名。这个混凝土制法的步骤，被古代罗马建筑师维特鲁威记录在名著《建筑十书》中。

现在我们来单独讲讲与本书相关的名叫约瑟夫-路易·朗博（Joseph-Louis Lambot）[2]的人物。1814年5月22日，朗博在布里尼奥勒（Brignoles）近郊的城镇阿尔让河畔蒙福素尔（Monfortsur-Argens）出生。这个时间正是拿破仑·波拿巴在枫丹白露宣布退位、逃往厄尔巴岛的一个月之后。朗博离开城镇，在巴黎完成学

*1 路易·维卡（1786—1861），法国发明家，他制造的水硬性石灰为法国的科学进步作出了贡献，名字被刻在埃菲尔铁塔上。
*2 约瑟夫-路易·朗博(1814—1887)，法国发明家，为钢筋混凝土的发展作出过贡献。

业，成为了一名技术者，决心用所学的科学知识为农业
发展作贡献。他回到了故乡附近的科伦斯（Correns），
在归家族所有的米拉沃城（Miraval）过着平静的生活。
1845年，朗博用有刺铁线、金属网和灰泥制成存放橘子
苗的箱子。 3年后，他用同样的方法做成了小船，在
与米拉沃相邻的伊索勒河畔贝斯（Besse-sur-
Isole）泛舟。朗博在工作室完成了两艘船，其中一
艘船的两端是尖的，如今在布里尼奥勒美术馆展出（※图1-1）。
另一艘船是船尾平坦的平板船，也收藏在杜瓦讷内美术馆
（musée de Douarnenez）。这两艘船的大小都是2.96米×
1.28米×0.66米。这两艘艺术品在收入展示架之前无可避免地
经历了不少曲折。

世界博览会

塞纳河倒映着巴黎世界博览会的盛况。第一次的巴黎世博会可以追溯到1855年。朗博为了在世博会上展出他的"铁网水泥",忙着申请专利。关于申请原因,他当时是这么说的:"从造船开始,到制作木板、水箱、花盆这些东西,必须使用能对抗湿气和水分的材料。我的发明就是为了在这些制作中使用能够代替木材的新材料。这种替代材料是将木条或杆系在金属丝网上,使成品表现出篮子的形状。接下来,将该金属丝网笼浸入水硬性水泥中。这样材料衔接的问题也解决了。"朗博已经预见了这个材料能运用在船舶的建造中。如果能将金属结构适用于船体框架,将"路易丝-凯瑟琳号"也按照形体来浇筑的话,将是一件绝好的事情。然而,造船厂尚未进行疏浚,并且前方还有许多未知的风险。

继1851年的伦敦世博会之后,1855年的巴黎世博会是一个创新且令人眼花缭乱的世界博览会。1849年最后一次国内博览会在巴黎举行,使用蒸汽器的脱粒机"卡伊"(Cail)成为众人瞩目的焦点。3年后,拿破仑三世,路易·拿破仑·波拿巴即位(1852—1870年在位),对社会主义者圣-西蒙尼昂(saint-simonien)[3]等人致以祝词,赞许了企业自由的恩惠,及其为消除贫困作出的贡献。

*3 圣－西蒙尼昂(1760—1825),虽出身于法国贵族家族,却是一名参加过美国独立战争的自由主义者。他于拿破仑战争时代就独自对欧洲联合构想以及产业社会的到来进行了预测。

※图1-2
1855年巴黎世博会的余音

世界博览会

　　1851年的英国人并不认为他们的技术落后于别国。他们向用铸铁和玻璃建造过大型温室的园艺师约瑟夫·帕克斯顿（Joseph Paxton）委托世博会会场的设计。在竞赛中获奖的本来是名叫奥罗（Horeau）的法国人，但执行委员会却推荐了本国公民帕克斯顿。就这样，由帕克斯顿用铁与玻璃装配而成的"水晶宫"展露在了世人面前，对未来50年的建筑产生了巨大的影响。在5月至9月举行的伦敦世博会上，有大约600万的参观者来访。

　　而继伦敦世博会之后，于1853年举办的纽约世博会，结束时参观人数止于100万人，以失败告终。拿破仑三世以"巴黎，和平之宴"为主题接下了世博会的挑战，将举办时间定在1855年的5月15日至18日。在靠近协和广场、塞纳河边的香榭丽舍大街上，建起一座宏伟的"工业和艺术宫殿"，而在那之后的43年间，这座"宫殿"都矗立于此。用于装饰宫殿山墙的是名为"佩戴艺术与工业之冠的法兰西"的雕塑。而今这面雕塑被放置在圣克鲁公园（※图1-2）。

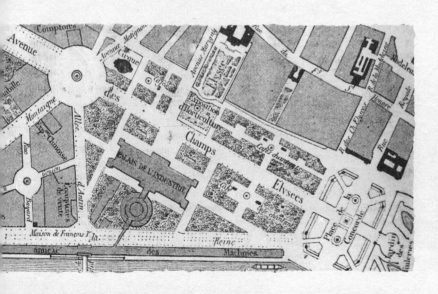

为了让四处观展的人们知晓时间而设置的巨大时钟，如今悬挂在亚历山大三世桥一旁的大皇宫的厅堂里，记录着时间的流逝，一如当初。

普罗斯珀·梅里美（Prosper Mérimée）、欧仁·德拉克鲁瓦（Eugène Delacroix）、让-多米尼克·安格尔（Jean-Dominique Ingres）等人担任世博会执行委员会成员。他们将世博会场选定在香榭丽舍大街、蒙田（Montaigne）大道和库德拉大道（cours de la Reine）之间的三角区，并活用了从杜乐丽花园到凯旋门之间的区域，特别是塞纳河上的场地（※图1-3）。协和广场经过改造，悬挂起一座不起眼的桥梁，可以通往世博园区。"艺术宫"建在现在的香榭丽舍大剧院所在的地点，并设有两个大型场地，用于展览德拉克鲁瓦和安格尔的作品。如同谚语"什么事情都能自己完成是最好不过的

※图1-3
1855年巴黎世博会在塞纳河与香榭丽舍大街之间的基地范围

了"所说，居斯塔夫·库尔贝（Gustave Courbet）拒绝展出《奥尔南的埋葬》（L'enterrement d'Ornans）和《画家工作室》（L'Atelier），而是在世博园区附近支起一个大帐篷，悬挂一个名为"现实博物馆"的标志并进行自主展览。在巴黎国际博览会上，还首次引入了农产品和家畜的介绍，于马里尼广场（le carré Marigny）附近的马戏场展示。世博会定于5月1日启动，但由于施工延误，推迟到15日。

在略微远离这个过于喧嚣的地方的塞纳河对岸，东南地区的阿萨大街32号（rue d'Assas）与沃吉拉街（Vaugirard）的交会处有一座建筑，在这里，罗莎·博纳尔（Rosa Bonheur）[*4]正要建立自己的画家工作室。这里之前是一个权威的医学分析实验室。实验室的前身是一个预防研究所，挂着一块镶着"专治梅毒等性病"字样的珐琅牌匾。这个十字街头是一个非常发人深省的地方，很多有名的人物都曾经在这里居住。在其中的一角，新哥特式的巴黎天主教大学将古板的外观形象展现给世人。对面的28号曾经是莱昂·傅科（Léon Foucault）的住所，在它的地下室曾有一个著名的钟摆。占据这栋建筑三层外墙面的浮雕诉说着1851年1月在这里完成的实验（※图1-4）。仅凭借这个在地面上进行的实验却在物理学层面上证明了地球的自转，傅科的钟摆在1855年的巴黎世博会上获得了很高的声誉。

罗莎·博纳尔是一位擅长动物画的著名画家。当时，没有绘画学院接受女性，所以作为画家的父亲雷蒙·博纳尔（Raymond Bonheur）负责女儿的教育。父亲博纳尔出生于波尔多，是一个圣西蒙主义者，于1829年来到巴黎。他住在梅尼蒙当（Ménilmontant）的圣西蒙派修道院，一年后搬家并带来了妻子和女儿。1841

*4 罗莎·博纳尔（1822—1899），法国写实主义画家，雕刻家，同性恋者。

※：图 1-4

右：阿萨斯大街 28 号，
「傅科的钟摆」实验纪
念墙
左：从沃吉拉街 76 号
的角度看

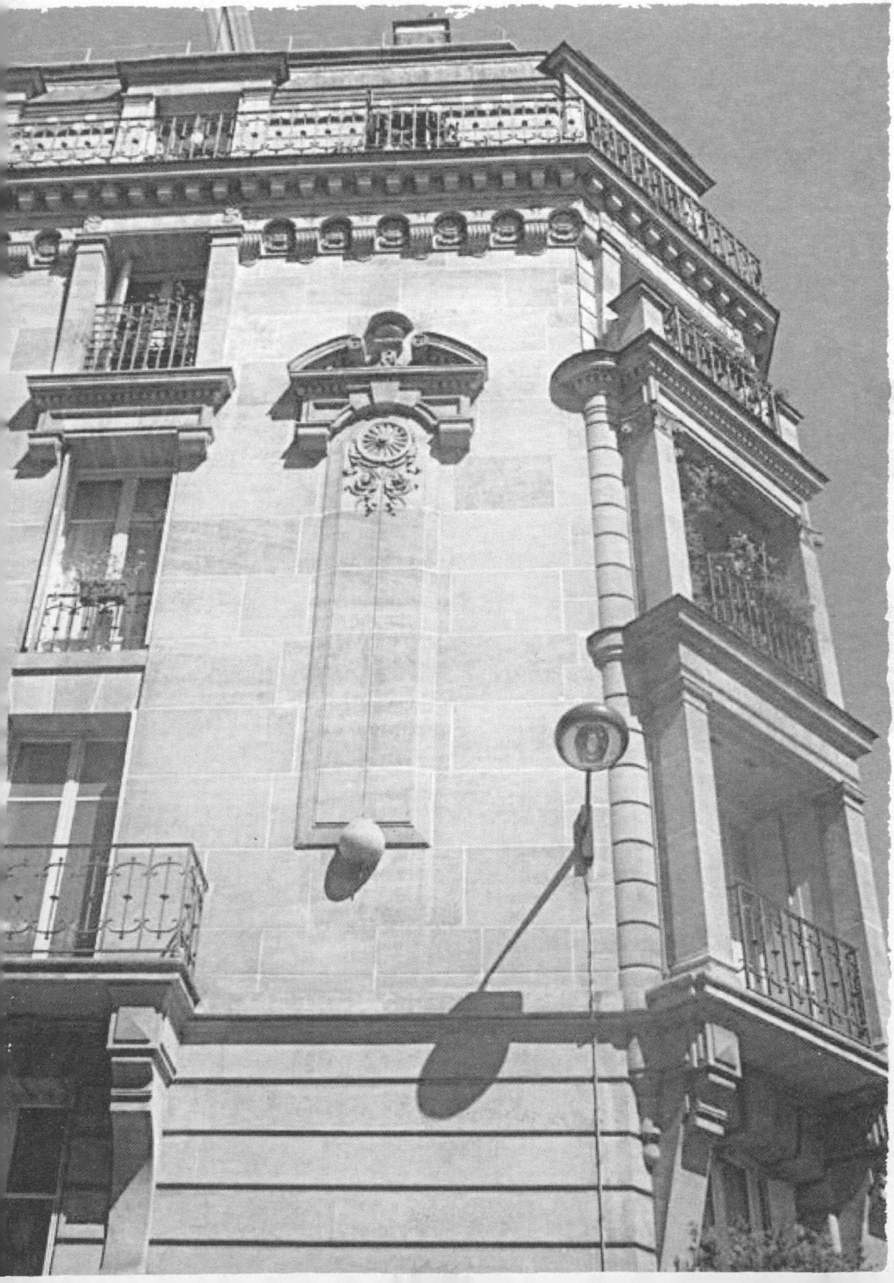

年，19岁的罗莎开始在沙龙上参加展览，并于1845年在沙龙上获得了银奖。三年之后，她的作品《康塔尔的公牛》（Bœufs et taureaux race du Cantal）获得了金奖。翌年，她应国家要求画了《纳韦尔人的耕作》（Le Labourage nivernais），如今这件作品展示在纽约大都会艺术博物馆中。

在我们所关注的1855年，罗莎一年内都没有在沙龙上展出。她已经成为一个流行画家，作品不等展出便销售一空了。罗莎留着短发，吸着雪茄，选择属于自己的独特人生。她从14岁开始与小自己2岁的纳塔莉·米卡斯（Nathalie Micas）热恋，而两人的关系持续了53年之久。她每半年便呼吁许可女性穿男装，并自己穿着裤子。1853年绘制作品《马市》（Marché aux chevaux）时，由于是与动物打交道的工作，为女性穿着男装找到了"这样更加便利"的理由。她是当代女权主义活动的先行者。

巴黎世博会的开幕式游行队伍绕整个城市巡游，从罗莎的画室中都能听到礼炮声以及各个教堂庆祝的钟声。罗莎在能看到动物的世博会第二天前往会场。为了顺带表达敬意，她去访问库尔贝的展馆，被邻人傅科的钟摆迷住了。从巴黎的市中心一直延伸到凡尔赛的沃吉尔大街（Vaugirard）途经罗莎的工作室。从沃吉尔大街出发，能够前往正要完工的协和大桥。从塞纳河的流水中冒出头来的12根多立克式的桥墩依然点缀着塞纳河。关于桥的装饰，路易十六选择了一朵百合花雕像，法国革命政府选择了古罗马的随从雕像作为候选，最终在王室政府恢复期间采用了12位名人的雕像。1828年，12座巨大的雕像一度被安装在桥上，然而由于桥梁的平衡状况不佳，雕像于1832年被拆除，放置在凡尔赛宫的花园内，之后又被分开送往布列塔尼（bretonnes）的几所军校。

罗莎观察了协和广场上川流不息的人群。广场虽然根据路易-菲利普（Louis-Philippe）的意图进行了改造，但这个改造也有许多具有说服力的理由。从卢克索用船搬运过来的方尖碑，被竖立在广场的正中央。烛台形的雕刻和喷泉被布置在周围，这让罗莎着迷。在广场的边缘，赞美法国8个都市的雕像面向道路竖立着。罗莎也是知道维克多·雨果[*5]的忠实伴侣朱丽叶·德鲁埃（Juliette Drouet）是"斯特拉斯堡"的模特的吧。从广场的任何地方，都能看到正在建设的荣军院桥。尽管施工合同条款明确，但可能是建设的壮志已经没有了吧，由于工期延误，罚款也随之增加。承包施工的公司找借口说，是因为塞纳河的水流不稳定才导致施工无法按照日程进行。

550万名世博会入场者参观了行驶在巴黎的皇家巴士、克鲁梭（Creusot）[*6]蒸汽机车、艾哈德（Érard）[*7]钢琴、普雷耶（Pleyel）[*8]钢琴，它们使参观者狂热起来。这个巴比伦工业王国的"世博"的看点，是钻石王冠、呢绒帐篷、两个百家乐水晶吊灯、一个会说话的玩偶、一个过滤器[*9]，以及，获得一等奖的是伊萨克·梅里特·桑热（Isaac Merritt Singer）发明的美国制缝纫机。

1855年的巴黎世博会也对音乐流派产生了影响。在那之前，没有任何音乐可以与歌剧院和喜歌剧的学院派音乐相对抗。只有拥有"犯罪大道"别名的庙宇大街（boulevard du Temple）会上演怪诞、模仿喜剧等音乐作品。作曲家兼剧作家的埃尔韦（Hervé）很有人气，为傅丽剧场（Folies-Concertantes）带来不少的观众。他同样也在"犯罪大街"的儒勒·凡尔纳[*10]抒情剧院（général du Théâtre Lyrique）担任经理多年。奥芬巴赫（Offenbach）曾梦想拥有自己的剧院。多亏了这次巴黎世博会，他的这一梦想得以实现，1855年7月5日，他在香榭丽舍大街上开设了"巴黎布费剧院"（Bouffes parisiens）。

世博会掀起的狂潮一直持续了半年。由于新开发的铁路网络的扩张，使得数百万人纷至沓来。在这场浩大的骚动之中，朗博的船却非常可怜，没有得到哪怕一丁点的关注。它被误认为是一艘木质的船。也许放在适当的位置是能引发兴趣的，可它却偏偏像被丢弃在角落里一样被人忽视了。它即将在不久之后给世界的建筑带来一场革命的东西，却在没人注目的情况下就结束了这场世博之旅。从根本上改变技术革新历史的事物，往往都是在大世博的小角落里，静静地等待，等待拨云见日的时刻。

1855年是葡萄酒爱好者难以忘却的一年，足以颠覆整个葡萄酒世界的决策被单方面强行实施。拥有梅多克（Médoc）地区的酒庄的葡萄酒制造者们，不喜欢竞争，只为整个梅多克地区以及格拉芙（graves）的一个葡萄酒庄发放获奖奖章，并开始实行"1855年分级制度"。这种"分级"一直沿用至今。这个分级制度既规制了葡萄酒的定价和葡萄酒市场，同时也致敬了宴会的等级分级制。

---

*10 儒勒·凡尔纳（1828—1905），法国小说家，被称为"科幻小说之父"。

在19世纪中叶，混凝土悄然进入建筑界。最初，它被嵌入模具，塑造出形态，模仿石头。1852年，弗朗索瓦·夸涅（François Coignet）[*11]在第八区米罗梅尼尔大道（rue de Miromesnil）的92号，用这种方式建起了一座建筑。1864年，路易-奥古斯特·布瓦洛（Louis-Auguste Boileau）又仿照夸涅的建造方法，建造了圣玛格丽特教堂（Saint-Marguerite）。那时，在圣丹尼斯建起了许多混凝土工厂。然而，这两个工程都没有体现出混凝土的特性，看起来跟从前的传统建筑没什么区别。

1867年，园艺师约瑟夫·莫尼耶（Joseph Monnier）获得了一项混凝土花盆的专利。它首先被用于栽培蔬菜。到1891年为止，继莫尼耶之后的许多专利被用于铁路枕木和建筑的建设。莫尼耶于1880年还在柏林取得了国际专利。

而在另一边，罗莎·博纳尔现在怎么样了呢？1860年，她和纳塔莉·米卡斯搬到了枫丹白露附近的多梅里（Thomery），成立了画家工作室，如今那里成为一间朴素洁净的美术馆。1899年，罗莎在那里结束了她的一生。去世后，她逐渐不再为人所知，但到了20世纪末，她的作品被重新审视，她作为现实主义绘画和现代绘画表现的先驱者的地位重新得到了认可。2008年8月，在公园比特-肖蒙（Buttes-Chaumont）的中心，开张了一间名为"罗莎·博

*11 弗朗索瓦·夸涅（1835—1902），法国工程师，日本明治政府雇佣的外国专家之一，为日本的近代化作出了贡献。

※ 图 1-5

埃菲尔铁塔上刻着的学者名字。

上：朝向夏悠宫的一侧。左侧起依

次是夏尔、拉瓦锡、安培

下：朝向军事学院的一侧。左侧起

依次是波尔森、傅科、多罗尼尼

纳尔"的时尚酒吧，这间店铺流行起来，其带来的连锁反应是，多梅里的旧画室引起了人们的关注。访问画室的人数增加，这为罗莎名气的恢复提供了助力。接着，在亚历山大三世桥附近的船上也开张了水上酒吧，名叫"罗莎塞纳河"。为表示支持，被亲切地称为米曼（Mimine）的主持人米谢勒·卡萨罗（Michèle Cassaro）和电影公司"为何不生产"（Why Not Productions）赠予"罗莎·博纳尔"酒吧服务用的集装箱。2014年秋，这些集装箱被移至"路易丝-凯瑟琳号"周围。城市改造的原则是真实而具体地表达记忆和现代性，罗莎的轶事可以说是一个证明。

一个人的独特经历彻底改变了混凝土的历史，使它从建设用的原材料，转化为了一种美学元素。

在19世纪60年代后期，出身于勃艮第的石匠克劳德-玛丽·佩雷（Claude-Marie Perret）来到巴黎。那时他20岁，经历了巴黎公社革命[*12]的腥风血雨，并被指控参与了杜伊勒里宫的纵火事件。为了逃避迫害，他带着妻子和两个女儿流亡到比利时。在布鲁塞尔，他与其他难民一起，创立了自己的公司，并迅速蓬勃发展。在他流亡期间，他的3个儿子奥古斯特（Auguste）[*13]、古斯塔夫（Gustave）和克劳德（Claude）出生。整个家庭在1880年共和国宣布公使赦免时返回巴黎。

1889年，法国革命百年巴黎世博会举行，古斯塔夫·埃菲尔（Gustave Eiffel）竖立了以他的名字命名的铁塔。"我想让它成为科学的荣耀和法国工业的最大荣誉"，他说。在塔的二层刻有72位科学家的名字，其中包括路易·维卡，他是法国国立路桥学校的学生，于1818年设法调制了水硬性石灰（※图1-5）。

*12 巴黎的市自治会（革命自治组织）。此处代指反对国防政府普鲁士的和平外交政策，在法国各地进行起义运动的公社。
*13 奥古斯特（1874—1954），法国建筑师，追求运用钢筋混凝土进行艺术表达，被称为"混凝土之父"。

混凝土的 10 年

1888年，爱德蒙·夸涅（Edmond Coignet）开始对钢筋混凝土进行一系列深入研究。第二年，工程师保罗·科坦桑（Paul Cottancin）设计了一个用于平坦表面或露台的混凝土大板。1892年，弗朗索瓦·埃纳比克（François Hennebique）建立了自己的钢筋混凝土公司并实现跨越式发展。**所有人都认识到这种新材料的实用性，它能有效地取代石材。没有人对混凝土带来的建筑革新抱有怀疑。**

引领混凝土革命的其中一人是奥古斯特·佩雷，他于1874年出生于比利时。他是克劳德-玛丽（Claude-Marie）的儿子，就读于巴黎国立美术学院，并于1891年在朱利安·加德（Julien Guadet）[*14]的指导下学习。他成绩很优秀，可惜没有通过毕业考试，和在同一个班级里学习的弟弟一同在罗氏街43号成立了一家建筑公司"佩雷氏"（Perret et Fils）。

维奥莱-勒-迪克（Viollet-le-Duc）[*15]的继任者阿纳托尔·博多（Anatole Baudot）[*16]是另一位痴迷于混凝土的人，他对这种有无限可能的新建材充满了热情。圣-让-德-蒙马特（Saint-Jean-de-Montmartre）的圣

*14 朱利安·加德（1834—1908），建筑师，在波萨尔教授建筑理论，支持合理主义的观点。

*15 维奥莱－勒－迪克（1814—1879），法国建筑师，建筑理论家，致力于对中世纪建筑的修复及对哥特式建筑构造进行合理的解释。

*16 阿纳托尔·博多（1834—1915），建筑师，代表作为法国各地的教堂。

约翰教堂，是钢筋混凝土和神圣艺术的第一次结合。该宗教建筑于1894年建成，但其过薄的拱顶层让当时的人们对其坚固性持怀疑态度，未获得教会使用的许可。博多需要等待10年才能得到许可。而一个世纪后的今天，拱顶依然完好无损。在此期间，这里举办着各种宗教仪式和世俗活动。弗朗索瓦·埃内比克（François Hennebique）于1894年至1904年间在皇后镇（Bourgla-Reine）建造了一栋混凝土别墅，并于1898年在巴黎第六区丹东街（Danton）建造了事务所（※图1-6）。这两栋建筑成了混凝土的宣言。丹东街的建筑是建筑师阿诺（Arnaud）设计的，实现了和街道两旁的石头建筑物外观完全一致的壮举。

钢筋混凝土的公开亮相是在1900年的巴黎世博会上。好事多磨，连接天球似和展览区域的钢筋混凝土人行桥倒塌了。这一出乎意料的事件使得《钢筋混凝土》杂志遭到了谴责。该杂志坚持认为需要将钢筋混凝土和增强水泥区分开来。在1900年的巴黎世博会上，建筑师M·马塞尔（Marcel）采用路易十六风格的外壁，在内部使用混凝土作为骨架，设计了"衣装馆"的入口。

第30届建筑师大会于1902年6月在法国国家美术学院举行。参与者决定参观丹东街上弗朗索瓦·埃内比克建造的大楼。他们考察完这栋大楼，认为它是一个大胆的创作，并且从任何角度来看都是完美的，称赞弗朗索瓦是设计并完成了最新颖的建筑物的伟大建筑师。

时间进入到"美好年代"（Belle Époque）*17，混凝土成为建筑师思想的源泉。1903年，亨利·绍瓦热（Henri Sauvage）和夏尔·萨拉赞（Charles Sarrazin）在巴黎第十八街区的特雷坦内（Trétaigne）街7号建造了一

*17 从19世纪末到第一次世界大战爆发（1914年）位置的巴黎经历了一段繁盛的时期，以"美好时代"来形容这段时期内的文化。这个词汇不仅用于指法国国内，也泛指这一时期整个欧洲的文化。

座混凝土建筑。它是根据"国际人民艺术协会"的组织者、医学博士亨利·卡扎利斯（Henri Cazalis）提出的实践社会主义原则建设的，注重卫生和美学的建筑。但是，建筑只有结构部件是由混凝土制成的，其他的部分都是用砖制成的。

与之相对，在1903年的富兰克林大街25号，佩雷兄弟创造了一座看起来不像石头建筑的真正的混凝土建筑。（※图1~7）然而，这座建筑的外壁被瓷砖包裹着，表达混凝土材质本身的美学的时代尚未到来。第二年，由建筑师保罗·奥舍（Paul Auscher）设计的建筑"菲利克斯·波坦"（Félix Potin）在热内（Rennes）街140号建成，混凝土终于获得了高贵建材的地位。之后，在1906年10月20日，混凝土被公认为特殊建筑材料。

作为混凝土在宗教建筑中的使用的延续，1908年，建筑师夏尔·拉西尔（Charles Lassire）设计的用于纪念圣-雷米（Saint-Rémi）的拜占庭风格教堂安弗勒维尔-拉-米-沃伊（Amfreville-la-Mi-voie）建成了。这座教堂的基础、支柱、露台、圆顶、钟楼均使用混凝土建造。这可能是一种宿命吧！安弗勒维尔-拉-米-沃伊小镇位于塞纳河右岸的鲁昂郊区，就是逆着河流用马拉船的那一边。正是在这个小镇中，混凝土平底船、驳船、大划桨船被建成，包括将来成为"路易丝-凯瑟琳号"的运输船"列日号"（Liège）……

※ 图 1—7
参观本杰明·富兰克林大街 25 号，
混凝土建筑。本书作者位于中央偏
左处

变翼的命运

第 2 章

交叉的命运

出兵之歌、安魂曲与赞美诗

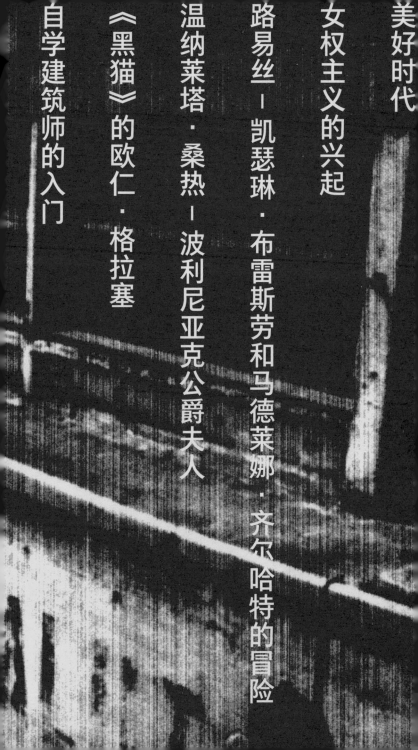

美好时代

女权主义的兴起

路易丝·凯瑟琳·布雷斯劳和马德莱娜·齐

温纳菜塔·辛格·波利尼亚克公爵夫人

"黑猫"的

自学建筑师的入门

香榭丽舍院开

救世军安德里美济

2

美好时代

1960年代初，我与吉尔伯特·帕斯考（Gilbert Passcaud）在南特（Nantes）大学都市剧场上演了布雷丹·贝哈姆（Bredan Beham）的戏剧《清晨的客人》（Le Client du matin）。贝尔是爱尔兰独立运动推进派的作家，被长期关押在监狱中，这部作品描述的是一个清晨进行绞（首）刑的场景。对于具有反抗精神的我们来说，这是最适合不过的戏剧了。

布赫斯（Bourse）大街和让-雅克（Jean-Jacques）大街夹角的广场被选为演出会场。一位老人画下圆形剧场，让这个在圆顶下上演的作品被全世界所熟知。在半球状的表盘上记下世界各地首都的名字，并决定将最前排的座席变成他在昂热的大卫的工作室雕刻的柱子的位子。这位当时78岁的老人就是素描家朱尔·格朗茹昂（Jules Grandjouan），他描绘了自己出生故乡的南特街、伊莎多拉·邓肯（Isadora Duncan）[1]、社会斗争以及俄罗斯。格朗茹昂协助美好时代时期的无政府主义讽刺杂志《黄油碟》（L'Assiette au Beurre），将这个时期时刻变化的世界局势描绘在素描作品里。

格朗茹昂马上就同意了我们的演出计划。他想要将事情传达给别人的表达欲具有感染人心的力量。在与他一同度过的直到深夜的时光，使我回想起了革命的年代，想象

*1 伊莎多拉·邓肯（1877—1927），代表20世纪初期的美国舞蹈家。

00043

出了流浪艺术家那令人眼花缭乱的艺术生涯，谈到了无数次1910年尼罗河游船的故事。那个有名的缝纫机公司创始人的儿子帕里斯·桑热（Paris Singer）想去看那条位于尼罗的大河。帕里斯的姐姐温纳莱塔·桑热（Winnaretta Singer）是埃德蒙·德·波利尼亚克（Edmond de Polignac）公爵[*2]的妻子。尼罗河游船所招待的客人有：作曲家保罗·迪潘（Paul Dupin）、怀有帕里斯·桑热的儿子帕特里克的伊莎多拉·邓肯、留下很多旅行素描的伊莎多拉以前的爱人朱尔·格朗茹昂（※图2-1~※图2-4）。

*2 埃德蒙·德·波利尼亚克(1834—1901)；作曲家，艺术资助者。卡洛斯十世(1824—1830 年间在位）统治时期的内阁由他父亲掌管、他和维娜蕾塔·辛格结婚，开办艺术沙龙资助艺术事业。

ARTS SPEC

Le Théâtre

Ce soir au THÉATRE EN ROND...

C'EST ce soir à 21 h. que le Théatre Universitaire Nantais donnera la première représentation publique du : « Client du matin », pièce qu'il a préparée durant plusieurs mois. Rappelons les dates des autres représentations : les 3, 8, 10, 15 et 17 mars et précisons que les Nantais peuvent encore réserver leurs places soit à la librairie Huc, 14, rue Scribe, soit au bureau de l'A. G.E.N. (Restaurant Universitaire, place A.-Ricordeau), soit enfin au Théâtre en Rond, 10, place de la Bourse.

De gauche à droite : Christian Depaquit, Jean-Luc Pe

　　50年后，这个疯狂年代的拼图终于完成了。我也认识住在巴黎第六区的布杂（Beaux-Arts）大街、在雅各布（Jacob）大街开办工作室的雷蒙·邓肯（Raymond Duncan）。经常可以看到他穿着希腊的托加长袍，和共同生活的学生们在一起的情景。虽然格朗茹昂在一段时期很喜欢雷蒙的妹妹——作为舞者的伊莎多拉（Isadora），但他对哥哥雷蒙却没有一点尊敬的念头。伊莎多拉被卷入车轮的围巾绞住脖子而丧生，格朗茹昂也知道了这个悲剧。传闻是一辆布加迪跑车[*3]，事实上是一辆有放射状辐条车轮的阿米卡尔车。

*3 1909年，在意大利设立的汽车公司，主要生产跑车和赛车。

CLES　　LOISIRS

Le Théâtre

...première

du "Client du matin"

par le Théâtre Universitaire

Dans un précédent article, nous avons dit tout l'intérêt que doit présenter le spectacle du T.U.N. La pièce d'abord, œuvre d'un auteur peu connu, l'Irlandais Brenda Behan ; la réalisation ensuite, la technique du Théâtre en Rond, l'emploi de décors stylisés, et d'une musique de scène lui conférant un caractère fortement insolite ; les acteurs enfin, tous amateurs, étudiants des diverses disciplines.

Souhaitons donc une dernière fois avant la représentation de ce soir, bonne chance et plein succès à la jeune et sympathique troupe universitaire.

t Pascaud, Jean-Yves Baraud, Michel Cantal-Dupart

※图 2-2
朱尔·格朗茹昂

※图 2-3
伊莎多拉·邓肯

※图 2-4
尼罗河的游船。伊莎多拉·邓肯（中央带黑色头巾者）、帕里斯（伊莎多拉的左边）、格朗茹昂（伊莎多拉的右前）

　　这本书有一条故事线。1914年，第一次世界大战爆发，朱尔·格朗茹昂虽然入伍参军，但由于高度近视不能去往前线，而被分配在塞纳河岸，任务是画出"路易丝-凯瑟琳号"停靠处对岸——拉拉佩河岸的素描，河岸是钢筋水泥制的。

　　朱尔·格朗茹昂、伊莎多拉·邓肯、温纳莱塔·桑热-波利尼亚克……渐渐地，故事的脉络逐渐清晰起来。我查看了救世军[*4]购买"路易丝-凯瑟琳号"之后不久的古文献，从中得知了温纳莱塔在故事中扮演的角色。作曲家莫里斯·拉威尔（Maurice Ravel）和埃里克·萨蒂（Eric Satie）、画家德加的朋友温纳莱塔在1926年成为人道主义活动的赞助者并进行资金援助。温纳莱塔可以自己选择建筑师作为条件来提供援助金，因为她要推荐柯布西耶。

*4 在全世界128个国家和地区传到和推广社会福利事业的基督教团体。

女权主义的兴起

温纳莱塔毫不隐藏自由奔放的同性爱情，她喜好先锋派艺术，是难以被取悦的独立女性，发展了自成一派的女权主义，使女权主义在文化生活中的文学、音乐、绘画等领域大放异彩。

在通向男女平等的漫长的道路上的重要里程碑，就是1867年创立的朱利安（Julian）学院[*5]。学院的创立者鲁道夫·朱利安（Rodolphe Jalian）在格朗（Grande）大街附近的全景廊街（Passage des Panoramas）建校，1880年，男子校舍在龙（Dragon）街31号，女子校舍搬到距离全景廊街很近的薇薇安（Vivienne）大街51号。法国国家高等美术学校（法国美术学院）在1897年之前不接收女学生。这里就成为画家让·杜布菲（Jean Dubuffet）、马塞尔·杜尚（Marcel Duchamp）以及亨利·马蒂斯（Henri Matisse）学习的工作室。1968年变成培宁根高等艺术学院，到目前为止依旧保持着作为优秀艺术学院的声誉。

学院中的两名缪斯女神一样的女性对美术学院的发展作出了贡献，分别是路易丝-凯瑟琳·布雷斯劳（Marie Bashkirtseff）[*6]。1858年出生于乌克兰正统贵族家系后裔的玛丽，作为一个名女权主义者，崇尚奢侈的生活，具有反叛的气质。作为一名记者，她在胡博尔·欧克蕾（Hubertine Auclent）发行的女权主义报纸《女公民》（*La Citoyenne*）

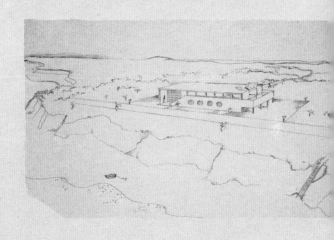

※图2-5
1916年，位于博尔默·勒·米莫萨的《普瓦雷邸》项目：
©FLC-ADAGP

---

*5 从前存在于巴黎的私立美术学校。原本是作为升入法国美术学院的准备院校，逐渐变成独立开展美术教育的院校。
*6 玛丽·巴什基尔采夫（1858~1884），画家，日记作家，在巴黎的朱利安学院学习绘画。

上，以波林·奥赫尔（Pauline Orrel）作为笔名撰写文章。当时她隐居在尼斯，留下了情感丰富的日记，1884年在感染结核病期间去世了。可能是一些题外话，玛丽死后被安葬在巴黎的巴希墓地。仿照她书斋而制成的巨大墓碑，被指定为历史保护建筑物。

19世纪末，女性主义颠覆了法国资产阶级固有的习惯。继《女公民》报纸之后，从1897年开始，仅由女性编辑和出版的日报《投石党乱》（La Fronde），由被称作"女性的骑士"（chevalière en jupon）的玛格利特·迪朗（Marguerite Durand）发行。《投石党乱》在为争取女性投票权、女性成为候选人的权利、自由选择怀孕和生产的权力而抗争。并且时尚界也支持这次女性运动。

1903年，保罗·普瓦雷（Paul Poiret）的高级服装定制商店开业，废除了束腹衣，创造了裙裤，是女性解放道路上的一大进步。在拉塞勒-圣-克卢（La Celle-Saint-Cloud）的一家普瓦雷的会馆举行的著名聚会上，在300名受邀者的中央，伊莎多拉·邓肯就在桌子上跳舞。普瓦雷是柯布西耶的第一个客户，1916年，在法国南部海边的小镇博尔默-雷-米莫萨（Bormes-Les-Mimosas）为他设计一栋别墅（※图2-5）。但是很遗憾，这个别墅没能呈现给世人。在"路易丝-凯瑟琳号"的冒险中留下印记的登场人物都被吸引到了保罗·普瓦雷的周围。女权主义与沙龙的历史密不可分，沙龙这种艺术形式吹起了自由之风，激起了艺术的热潮，并推翻了从前的礼仪形式。

在大西洋的左岸，美国女作家娜塔莉·克利福德·巴尼（Natalie Clifford Barney）举办的沙龙吸引了我们的注意。她于1876年出生于俄亥俄州代顿（Dayton）市，对儒勒·凡尔纳的冒险充满热情，在很小的时候就与母亲和妹妹一起搬到了巴黎。从刚刚度过青春期开

始，她承认了对同性的爱，并决定与她的朋友芮妮·维维恩（Renée Vivien）[7]一起"光明正大地生活"。两个人在位于莱斯沃斯岛的米蒂莱尼（Mytilène）专心于诗歌创作，尝试设立一个专门纪念萨福（Sappho）[8]的设施，但是很快就放弃了，回到了适合实现两人人生目标的巴黎。1902年，他们在塞纳河畔讷伊（Neuilly）租了一所房子，在那里组织聚会，来筹集机关报的资金。芮妮·维维恩在这所房子里去世了。娜塔莉搬到了巴黎雅各布大街20号的家，并在这里住了60年。在她的花园里，有一座写着"献给友谊"的小神殿。

娜塔莉的沙龙仿佛天空中一颗闪亮的星。那些聚集在沙龙的人有奥古斯特·罗丹（Auguste Rodin）、赖内·马利亚·里尔克（Rainer Maria Rilke）、科莱特（Colette）、詹姆斯·乔伊斯（James Joyce）、保罗·瓦雷里（Paul Valéry）、阿纳托尔·弗朗斯（Anatole France）、罗伯特·德·孟德斯鸠（Robert de Montesquiou）、格特鲁德·斯坦（Gertrude stein）、艾琳·格雷（Eileen Gray）、萨默塞特·毛姆（Somerset Maugham）、T·S·艾略特（T. S.Eliot）、伊莎多拉·邓肯、让·谷克多（Jean Cocteau）、马克斯·雅各布（Max Jacob）、安德烈·纪德（André Gide）、朱娜·巴恩斯 佩吉·古根海姆（Djuna Barnes Peggy Guggenheim）、玛丽·洛朗桑（Marie Laurencin）、保罗·克洛岱尔（Paul Claudel）、斯科特（Scott）、泽尔达·菲茨杰拉德（Zelda Fitzgerald）、杜鲁门·卡波特（Truman Capote）、弗朗索瓦兹·萨冈（Françoise Sagan）、玛格丽特·尤瑟纳尔（Marguerite Yourcenar）……

在芮妮·维维恩去世后，娜塔莉·克利福德·巴尼

[7] 芮妮·维维恩（1877—1909），原名宝琳·玛丽·塔恩，出生于伦敦，她是用法语写作的美好时代时期的女诗人。
[8] 古希腊女诗人。

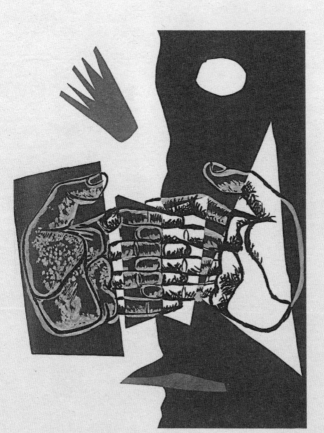

※ 图 2-7

《直角之诗》（1955 年）收录的

柯布西耶的版画（石板印刷）：

爱上了美国画家罗梅尼·布鲁克斯（Romaine Brooks）[*9]。她们的关系一直持续了50年。罗梅尼也成为温纳莱塔·桑热-波利尼亚克公爵夫人的朋友，巴黎左岸和右岸的女性就这样产生了联系。

从1917年开始，柯布西耶住在距离美术学校很近的雅各布大街20号，并在这里生活了20年。在面向街道的建筑物的顶层，是位于屋顶之下的阁楼（※图2-6）。住在勒·柯布西耶隔壁的男子是娜塔莉的朋友。娜塔莉的沙龙充满了甜美的折中主义前卫氛围，对于柯布西耶来说，是了解艺术和音乐世界的最佳场所。

此外，随着勒·柯布西耶的入住，雅各布大街的沙龙对于建筑领域的兴趣也在增加，彼此借着共享入口建立了密切的联系。

勒·柯布西耶与艾琳·格雷[*10]的友谊就诞生于此。记录了许多图像的《了不起的勒·柯布西耶》（Le Corbusier le Grand）一书（由Phaïdon出版社出版），对我们的故事起到非常重要的作用。例如，这里收藏了一幅描绘巴黎妓院的水彩画。这些作品中，描绘了很多裸体的女性，在这其中有色情姿势的女性情侣图。娜塔莉的影响力，是否已经超出了关系良好的邻居的范围呢？

为了纪念勒·柯布西耶逝世50周年，许多出版物的发行和展览会的举办都在火热进行。2015年4月23日，在埃里克穆奇（Éric Mouchet）画廊（雅各布大街45号）和佐洛托夫斯基（Zlotowski）美术馆（塞纳路20号）展示了他的画作。在美术展上，玻璃、茶杯、女人与合上的手，一切都是成对出现（※图2-7），只有"张开的手"是例外。

*9 罗梅尼·布鲁克斯（1874—1970），以肖像画为中心，他所描绘的作品受到20世纪法国象征派的影响。他的生活一直都不算拮据。
*10 艾琳·格雷（1878—1976），出生于爱尔兰的漆艺家，产品设计院，建筑院。1910年和日本漆艺人菅原精造一同设立工房，共同完成作品。主要活跃在法国。

路易丝－凯瑟琳·布雷斯劳和马德莱娜·齐尔哈特的冒险

　　我决定利用参加在伏旧园（Clos de Vougeot）举行的塔特万骑士团[*11]80周年庆典这个机会，观看路易丝-凯瑟琳·布雷斯劳的作品。这是马德莱娜·齐尔哈特（Madeleine Zillhardt）捐赠给第戎（Dijon）艺术博物馆[*12]的一系列作品。根据拿破仑·波拿巴内政部长查普塔尔（Chaptal）的政策，地方城市博物馆的藏品也增加了，这些博物馆都拥有和国家级美术馆数量相当的作品。虽然第戎博物馆也按时间顺序展出了许多作品，但却没有·布雷斯劳的作品。没有人记得2005年和2006年在这个博物馆里有一个布雷斯劳的画与素描的特别展。和罗莎·博纳尔一样，我希望人们不要忘记布雷斯劳，我想把我在创新时代所学到的东西传达给你。

　　路易丝-凯瑟琳·布雷斯劳于1856年12月6日出生于慕尼黑。德文名是玛丽亚·路易丝-凯瑟琳（Maria Luise Katharina）。出生之后，她离开德国，搬到了在苏黎世担任产科医生的父亲身边。她获得了瑞士国籍，并进入朱利安学院学习素描和绘画。年轻的路易丝-凯瑟琳因其才华而很快得到了认可，并定期在沙龙展出作品。1879年，她成为继罗莎·博纳尔之后第二位获得金牌的女画家。

　　路易丝-凯瑟琳的崇拜者包括后来成名的皮维·德·夏

---

*11 在葡萄酒王国法国，在各产地的普及团体中拥有很高国际知名度的高格调葡萄酒协会。

*12 位于法国的第戎，拥有从古埃及到21世纪现代美术很长历史时期的收藏品。

凡纳（Puvis de Chavannes）、方丹·拉图尔（Fantin-Latour）、德加（Degas）、福兰（Forain）和拉菲利（Raffaelli）。路易丝-凯瑟琳在巴黎右岸泰尔内（Ternes）大道40号设立了她的工作室。虽说是巴黎，但当时这里是一个留有乡村风格的地方，对于患有哮喘病的她来说，这个田园风情的地区是非常合适的。1884年，与马德莱娜·齐尔哈特的相遇彻底改变了路易丝-凯瑟琳的人生。两位住在一起的女士结识于朱利安学院。另一位艺术家对路易丝产生了很大的影响。让-约瑟夫·卡里埃斯（Jean-Joseph Carriès）[13]在1886年的沙龙展示了穷人的半身像，酝酿出违和感，路易丝-凯瑟琳对他评价很高。三个人就此结识，并缔结了深厚的友谊。

卡里埃斯把他在左岸的布瓦松纳（Boissonnade）大街上工作室的钥匙留给了路易丝-凯瑟琳。他也成为她作品的模特。这幅作品也是我们拼图的一部分。穿着天鹅绒衣服的雕塑家卡里埃斯看起来像王子一样，站在工作室的木桶边（※图2-8）。尽管在小皇宫（Petit Palais）美术馆展出的画作中，木桶是用来装油漆的，但是根据马德莱娜的说法，里面还有一封情书。路易丝-凯瑟琳在与马德莱娜合作之前，曾与雕塑家卡里埃斯有过一段亲密关系。

1890年，温纳莱塔·桑热刚刚购买了瓦格纳《帕西法尔》（Parsifal）[14]的羊皮纸乐谱。为了装饰展示乐谱房间的入口，她向让-约瑟夫·卡里埃斯订购了一扇宽8.20米、高5.75米的大门。绘图是由卡里埃斯的朋友欧仁·格拉塞（Eugène Grasset）[15]完成的。制作这个大门，需

*13 让·约瑟夫·卡里埃斯（1855—1894），6岁时父亲去世，成长于里昂的孤儿院。从1875年开始在沙龙出展，1888年以后醉心于陶艺，创作的作品受到象征派的影响。
*14 理查德·瓦格纳于1865年为巴伐利亚王国王路德维希二世创作的歌剧。
*15 欧仁·格拉塞（1845—1917），装饰艺术家。作品包括版画、海报、装饰，是新艺术运动的代表人物。出生于洛桑，1871年开始定居巴黎，从事杂志插画、家居设计、马赛克等的制作。和艾克特·吉玛共同创立装饰艺术会、和勒内·拉里科创立法国装饰艺术会。1891年获得法国国籍。

要600至700块鳄鱼纹烤瓷砖。在1878年的世界博览会上，日本人展出了七宝烧的艺术品后，七宝烧开始在巴黎盛行。为了加快制作进程，卡里埃斯搬到位于涅夫勒省的圣-阿芒-皮伊赛埃（Saint-Amand-en-Paisaye）地区的工作室。**在1892年的沙龙上，展出了最初的成品。受到中世纪艺术的启发，他在蓝绿色浮雕上画出类似恶魔般的生物。在拱顶中，画有像温纳莱塔一样的苗条女人的剪影。达鲁和罗丹都称赞了展出的作品。** 展示的模型是实物大小，但卡里埃斯擅长的是小物体的制作，烧制不当导致到处都是失误，特别是在连接处存在很大的问题。同时，由于健康的原因，他引发了肺部的炎症，于1894年7月1日离开人世，享年39岁。订制的大门最终未能完成。已经完成的绘画和雕塑将由建筑师乔治·亨奇舍尔（Georges Hoentschel）收集，并捐赠给巴黎市。在小皇宫美术馆，加上路易丝-凯瑟琳·布雷斯劳的收藏品，《卡里埃斯的房间》被完成，在里面收藏了大门整体的石膏模型。1904年7月28日，《画报》（*L'Illustration*）刊登了一张记录了这些的照片。这块巨大的石膏在1939年之前被摧毁，只有"卡里埃斯的房间"留存至今。

路易丝—凯瑟琳·布雷斯劳画的让·约瑟夫·卡里埃斯

温纳莱塔是伊萨克·梅瑞特·桑热24个孩子中的第20个，所有孩子都继承了父亲桑热的巨额财富。家用缝纫机的发明者伊萨克，像跨国公司一样在欧洲和南美洲同时扩展缝纫机业务。桑热缝纫机于1855年在巴黎世博会上获得金牌，法国政府也使用缝纫机来缝制军服。

温纳莱塔于1865年出生于美国内战期间（1861—1865年）。她的父亲给她起了一个似乎拼错的印第安名字，意思是"两份怨恨，一个空气，两盏清茶"（deux haines, un air et deux thés）。他还以孩子出生的城市来给他的孩子命名，比如有的孩子叫华盛顿、帕里斯。温纳莱塔的母亲伊莎贝拉是一位音乐家。全家为了逃离内战，离开美国前往巴黎，搬到了马勒塞布（Malesherbes）大街83-2号。但是当1870年法国在普法战争中失败的局势已经非常清晰时，桑热一家搬去了伦敦。这时，伊萨克和伊莎贝拉已经有了6个孩子。然而，伦敦的气候并不益于伊萨克的健康，他们迁往南部沿海地区托比。住在由佩恩顿（Paignton）建造的房子里，这个房子是凡尔赛宫的一个缩小版，有100多个房间和小剧院。1875年，伊萨克去世，三年后，所有家庭成员都聚集到巴黎。伊莎贝拉和坎普菲利斯公爵维克托-尼古拉斯·卢布赛特（Victor-Nicolas Reubsaet）结婚，生活在克莱伯大街27号的一个巨大的私人豪宅里，并在这里举办音乐沙龙。1878年，雕塑家

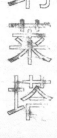

温纳莱塔·桑热 — 波利

弗雷德里克·巴托尔迪（Frédéric Batholdi）参考了美丽的伊莎贝拉的面孔，创作了与圣心圣殿相对的《照亮世界的自由女神像》（La Liberté éclairant le monde）。

温纳莱塔继承了父亲十二分之一的财富。她是一位狂热的音乐迷，也热爱绘画。14岁时，她加入了费利克斯·巴利亚斯（Félix Barrias）的工作室。当时在沙龙受到不公平对待的印象派画家正在她的会馆里举办展览会。温纳莱塔支持印象派，虽然有时被周围的人嘲笑，但仍努力让印象派艺术家为世界所知。当巴利亚斯搬到去世的莫奈的工作室时，温纳莱塔是多么的快乐！她还从福兰那里学习绘画（※图2-9）。

1887年5月，温纳莱塔在现在的巴斯德·马克·布尼亚塔（Pasteur Marc Boegner）大街和乔治·曼德尔（Georges Mandel）大街的拐角处购买了一座豪宅。在花园里有一个大型的（瑞士山地农舍风）独栋建筑，温纳莱塔将它重新装修成音乐和绘画的工作室，用来展示以莫奈为首的自己喜欢的画家的作品。她同时对于音乐充满热情，带着她的母亲去拜罗伊特音乐节[16]上听《帕西法尔》，并对音乐有了新的理解。她的音乐厅是献给瓦格纳的，为了迎接管弦乐队，用乐谱做了很多装饰。温纳莱塔购买了原版乐谱，在她位于巴黎的工作室祈愿，希望拜罗伊特成为音乐的圣地。这就是她委托欧仁·格拉塞和卡里埃斯的原因。1888年，以埃马纽埃尔·夏布里埃（Emmanuel Chabrier）作曲的《关德琳》（Gwendoline）为契机，她的工作室开业了。

1887年，虽然温纳莱塔与路易·德·塞-蒙贝利亚尔（Louis de Scey-Montbéliard）王子宣布结婚，但温纳莱塔公开了自己喜欢女性的事实，并表示不会结成任何男女关系，于是在1892年，婚约被梵蒂冈宣布取消。同年，温纳莱塔在她的工作室的走廊安装了卡瓦耶·科利（Cavaille-Coll）的沙龙用管风琴。次年，她与59岁的同性恋者埃德蒙·德·波利尼亚克（Edmond de Polignac）公爵再婚。这种"伪装"婚姻是由格雷菲勒伯爵夫人和罗伯特·德·孟德斯鸠[17]做媒的。对音乐的热爱使温纳莱塔和埃德蒙走到一起。埃德蒙是巴黎音乐学院的作曲家，他为许多表演者提供资助，并且创办了"艺术家联盟组织"（Cercle de l'Union Artistiqu），在剧院以外的地方，努力促进交响乐名作的演奏。古诺和柏辽兹是这个联盟的成员，瓦格纳也获得了艺术家联盟组织的资助。

一则逸闻告诉我们，很小的世界被很大的事件联系在一起。1900年，来到巴黎的伊莎多拉·邓肯在圣马丁夫人的家，伴随着拉威尔的钢琴演奏即兴表演了舞蹈。观众都被她迷住了，伊莎多拉也被邀请

---

[16] 在位于德国巴伐利亚州的小都市拜罗伊特的节日剧院举行的音乐节，主要演出瓦格纳的歌剧和音乐剧。
[17] 罗伯特·德·孟德斯鸠（1855—1921），法国唯美主义者，象征派诗人，艺术收藏家，是纨绔风格的体现者。

到桑热·波利尼亚克邸。埃德蒙也被伊莎多拉的才华所征服。埃德蒙于1901年去世，三年后，温纳莱塔的母亲也去世了，这使温纳莱塔的人生受到了打击。1904年，在距离巴黎第16区的中心特罗卡德罗（Trocadéro）不远处（现在的乔治·曼德拉大街），新古典主义的建筑被建起。几年后，温纳莱塔和纯粹主义者，推崇钢筋混凝土建筑的年轻建筑师相遇了。第16区的建筑设计者是亨利·格朗皮埃尔（Henri Grandpierre），他因为是福兰的建筑师而从候选人中脱颖而出。外墙表面的灵感来自布隆涅亚尔（Brongniard）建造的18世纪私人住宅。里面比起说是房子，更像是别院。通往音乐室的巨大而宏伟的楼梯，与三楼相连，圆形屋顶上有开启的天窗。音乐室就是一个典型的沙龙样式，挂在墙上的镜子使房间显得更大。在1910年到1912年之间，画家若泽·玛丽亚·塞尔特（José-Maria Sert）画出的拱形曲线并不刻意强调房间的大小，描绘出了让人感觉不到体量存在的作品。为了增强剧院效果，亨利·格朗皮埃尔建造了一个带有屋顶并可以停靠车辆的入口大厅，以便观众可以在此上、下车辆并等候汽车。1926年，当温纳莱塔委托柯布西耶和皮埃尔·让纳雷（Pierre Jeanneret）设计了位于布洛涅－比扬古（Boulogne-Billancourt）市和塞纳河畔讷伊的展馆时，也要求车辆直到玄关为止都要在屋顶下通过。这个原则也适用于萨伏伊别墅。

直到1939年，聚集在她的工作室和音乐沙龙的有包括夏布里埃（Chabrier）、巴黎思康音乐学院的创始人丹第、梅萨热（Messager）、福雷（Fauré）等在内的大量作曲家。在埃德蒙去世以后，温纳莱塔对古典音乐失去了兴趣，并喜欢上当代作曲家，如德彪西、拉威尔、斯特拉文斯基[18]、萨蒂、普朗克。温纳莱塔本就是一个更喜欢前卫艺术而非学术的人。

[18] 斯特拉文斯基（1882—1971），俄罗斯作曲家，指挥家，钢琴家，作为20世纪的代表性作曲家被世人所知，在艺术节也有着广泛的影响。

《黑猫》的 欧仁·格拉塞

当时最能体现巴黎的精神和辉煌的场所，就是位于蒙马特区的"黑猫"（Chat Noir）。一切都始于1881年，鲁道夫·萨利（Rodolphe Salis）在罗什舒瓦尔（Rochechouart）大街84号开设了一家带两间客房的小酒屋。在这里能喝到便宜的瓶酒，氛围像拉伯雷的《巨人传》中一样，装扮成"瑞士人"模样的人在门口迎接客人。左岸的饮酒者们已经将钱花在了店里。有诗人和香颂歌手的演出上演，还有一个可以自由弹奏的钢琴。"黑猫"是一个小酒馆，可以在这里一边喝着酒一边享受香颂。酒馆常客之一阿方斯·阿莱（Alphonse Allais），一直坐在店里，策划活动，发布简讯。阿莱对超现实主义产生了巨大影响，他借用了这家越发有名的小酒馆的名字，创办了同名杂志。

"黑猫"搬到了一栋位于维克多·马赛（Victor Massé）大街12号的三层高的建筑物中。建筑的正面挂着阿道夫·维莱特设计的"腰上挂着新月的黑猫"的铜制招牌，十分具有冲击力。二楼的外面挂着两盏灯笼，类似于中世纪的角灯，是由欧仁·格拉塞设计的。它当前位于克利希（Clichy）大道68号，就像破烂古董博物馆一样，塞满了流浪生活的遗迹（※图2-10）。

据说，格拉塞已被孟德斯鸠介绍给了桑热-波利尼亚克公爵，这是为了让他设计一扇用于保存《帕西法尔》乐谱原稿房间的大门。格拉塞是《小拉鲁斯画报》*19（※图2-11）的著名画作的作者，设计了著名的吹蒲公英种子的女人和"由风播种"的文字。这个设计的意图"我全力地收获，我全力地给予"，可能影响了勒·柯布西耶的"张开手"的概念形成。

※图2-10
《黑猫》和欧仁·格拉塞的角灯

※图2-11
《小拉鲁斯画报》的标志

*19 由解释普通名词的法语词典和解释专有名词的百科词典两部分构成。

自学建筑师的入门

1887年10月6日，在距离伯尔尼70公里、距离法国边境10公里的瑞士纳沙泰州的拉绍德封（La Chaux-de-Fonds），夏尔-爱德华·让纳-格里（Charles-Édouard Jeannert-Gris）出生了（夏尔-爱德华·让纳从20世纪20年代开始自称勒·柯布西耶，这本书后面都会用柯布西耶来表示）。拉绍德封是一座山地小镇，坐落在一座小山上。对于未来的建筑师来说，坡度、楼梯和海拔都不值得担心。18世纪末的拉绍德封被一场大火烧毁，它和里斯本以及永河畔拉罗什（La Roche-sur-Yon）一样，都是根据城市规划改造而形成的启蒙时期的新城区，如同棋盘一样的改造是这个时代的特征。版画家莫伊兹·佩雷-让蒂尔（Moïse Perret-Gentil）制定了重建计划，因为是山地小镇，确保住宅的朝向可以在最大程度上带来阳光。城区被进行了功能性规划，成为一个设施完善的现代化都市（※图2-12）。拉绍德封是世界制表中心，当时人口为27000人。官方语言是法语，但三分之一的人说德语。距离它最近的法国小镇是贝尔福特（Belfort），距离贝尔福特很近的圣山朗香（Ronchamp），

※图 2-12
拉绍德封的地图：
拉绍德封的地图
©FLC-ADAGP

建有柯布西耶最精彩的作品之一，朗香教堂。

勒·柯布西耶出生于现代城市，成长于时钟制造这样的精密工业区，对其人格的形成产生了重要影响。据说除去圣经、塞万提斯和拉伯雷，书籍在他的生活中并没有发挥重要作用。由保罗·V·特纳（Paul V. Turner）撰写的关于柯布西耶成长过程的著作中，按时间顺序列出了柯布西耶直到1920年的阅读书单。这是柯布西耶的教育计划，让我们按阅读年份的顺序列出：加代（Guadet）工作坊的建筑师亨利·普罗旺萨尔（Henry Provençal）的《艺术的明天》（L'Art de demain）、欧文·琼斯（Owen Jones）的《装饰法则》（Grammar of ornement）、约翰·拉斯金（John Ruskin）的《建筑与绘画读本》（Lectures on Architecture and Painting）、维奥莱-勒-迪克的《建筑词典》（Dictionnaire）、埃米尔·默施（Emil Mörsch）的《钢筋混凝土》（Béton armé）、莫里斯·丹尼斯（Maurice Denis）的《绘画理论》（Théories）、舒瓦西（Choisy）的《建筑史》（L'histoire de l'architecture）、乔治·伯努瓦-莱维（Georges Benoit-Lévy）的《田园都市》（La Cité-jardin）、马塞尔·普鲁斯特的《在斯万家那边》（Du côte dé chez Swann）、托尼·加尼埃（Tony Garnier）的《工业城市》（La Cité industrielle）……等。作为一本影响勒·柯布西耶青春期的书，不应该忘记欧仁·格拉塞的《装饰构成方法》（Méthode de composition ornementale）。勒·柯布西耶从这本书中了解到，那些几何学和代数学的学者们，着迷于和谐自然中形成的直角。反过来说，朗香教堂包含了《黑猫》的一部分。朗香教堂是一座表达勒·柯布西耶的《直角之诗》（Poème de l'angle droit），并且与自然环境密切相关的建筑。虽然他自己否认，但这本书对勒·柯布西耶内心的影响是巨大的。

　　勒·柯布西耶的父亲是一位版画家，也设计和制造钟表。他希望自己的儿子可以继承他的事业，制造钟表。他母亲旧姓佩雷（与建筑师佩雷没有任何关系），是一位钢琴老师。正是这位母亲将他的哥哥阿尔贝（Albert）[20]带上了音乐之路。

　　柯布西耶深受绘画老师夏尔·艾普拉特尼耶（Charles L'Eplattenier）的影响。艾普拉特尼耶成为拉绍德封学校的校长，他想像南希的维克多·普鲁维（Victor Prouvé）[21]一样，努力将其转变为一所教授艺术的学校。艾普拉特尼耶和建筑师勒内·查帕拉兹（René Chapallaz）一起在镇中心建造了一座艺术博物馆，作为共和国纪念碑。柯布西耶励志成为一名画家，但艾普拉特尼耶将他引导进入建筑之路。1902年，博物馆展出了受法国新艺术运动风格启发的时钟设计。在艾普拉特尼耶的帮助下，19岁的柯布西耶第一次着手设计佛莱别墅。

　　对于勒·柯布西耶来说，旅途也是人生学习的重要场所。他和一同学习的朋友在欧洲漫步了4年。1907年6月，他与雕塑家朋友莱昂·佩兰（Léon Perrin）离开拉绍德封，一起旅行。两人的漫长旅途是从佛罗伦萨开始，周游意大利的各个城市。在佛罗伦萨，他们被"艾玛的修道院"所感动（※图2-13）。接下来，他们来到比萨、锡耶纳、拉文纳、费拉拉、维罗纳、帕多瓦和威尼斯。勒·柯布西耶把拉斯金的《弗洛朗斯之夜》（*Les Matins de Florence*）和希波利特·泰恩（Hyppolyte Taine）的《意大利之旅》（*Voyage en Italie*）作为旅行伴侣随身携带。之后，他们访问了维也纳并停留了3个月。但哈布斯堡家族的维也纳街道让他们绝望。

*20 阿尔贝（1886—1973），柯布西耶的哥哥，小提琴手，作曲家。1919年从德国搬到巴黎，成为与薇娜蕾塔的接点。
*21 维克多·普鲁维（1958—1943），法国工艺家，是新艺术运动的一派南锡学派的领军人物。

对城市感到失望的柯布西耶专心于拉绍德封的斯托兹
（Stotzer）别墅和雅克梅（Jaquemet）别墅的设计，两
座房子都是在勒内·查普勒兹的指导下完成的。并且，
他在维也纳经常去看歌剧。勒·柯布西耶看过普契尼的
歌剧《波西米亚人》，他或许将自己想象成画家马尔切
洛（Marcello）和音乐家舒奥纳（Schaunard），并被可
怜的女裁缝咪咪迷住了。

　　放浪旅行的两个年轻人在1908年2月来到巴黎。莱
昂·佩兰在艾克特·吉玛（Hector Guimard）*22的代理店

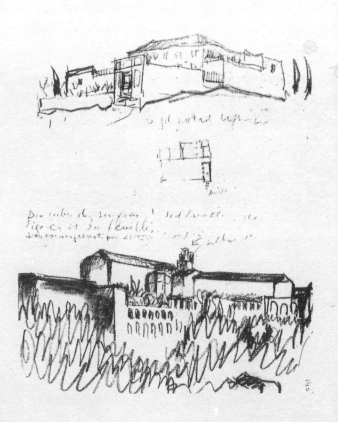

*22 艾克特·吉玛（1867—1942），法国建筑家，新艺术运动的代表人物。

找到了工作。柯布西耶和莎玛丽丹百货公司的建筑师弗朗茨·茹尔丹（Frantz Jourdain）会面，他被推荐给夏尔·普吕梅（Charles Plumet）。后者将他介绍给亨利·绍瓦热（Henri Sauvage）。最终，他与宣扬建筑颓废论的欧仁·格拉塞会面，格拉塞将柯布西耶推荐给佩雷兄弟。初次与一位逻辑清晰的建筑师（柯布西耶）见面的奥古斯特·佩雷对这位年轻人的画作印象深刻，并以兼职为条件雇用了他，让他有空余的时间去图书馆看书。柯布西耶成为圣女日南斐法修道院的"老鼠"，每天都钻进法国国家工艺学院看书。在学习期间，他参与了建筑师巴鲁（Ballu）的奥兰大教堂项目。佩雷兄弟是奥兰大教堂建筑的承包商，教堂的窗户由柯布西耶所画。关于这个建筑工地和混凝土工程，后来柯布西耶说"这就是建筑工程的灵魂"。

访问里昂的托尼·加尼埃[23]，接受了数学和统计学课程。在巴黎，他住在靠近马蒂斯工作室的圣米歇尔河畔3号，在巴黎圣母院大教堂的灯光影射下，进行绘画创作（※图2-14）。

在1909年底，勒·柯布西耶返回拉绍德封，他想写一本关于城市规划的书。1910年，他获得奖学金，在慕尼黑和柏林继续深造，他来到彼得·贝伦斯（Behrens）的工作室。在提交给学校的论文中，他将德国城市规划改革的精神与法国传统进行了比较。在柏林，他遇到了沃尔特·格罗皮乌斯和密斯·凡·德·罗。1911年，柯布西耶离开德国的首都柏林，和奥古斯特·克里普斯坦因（August Klipstein）开始了东方之旅。勒·柯布西耶倾向于被认为是一个孤独的人，但他从未独自一人。在他的一生中，有他的朋友和堂兄。但是，他从未在信件或书籍中提起过他们。

[23] 托尼·加尼埃（1869—1948），法国城市规划师，建筑师，提出了近代城市规划理论"工业都市"。

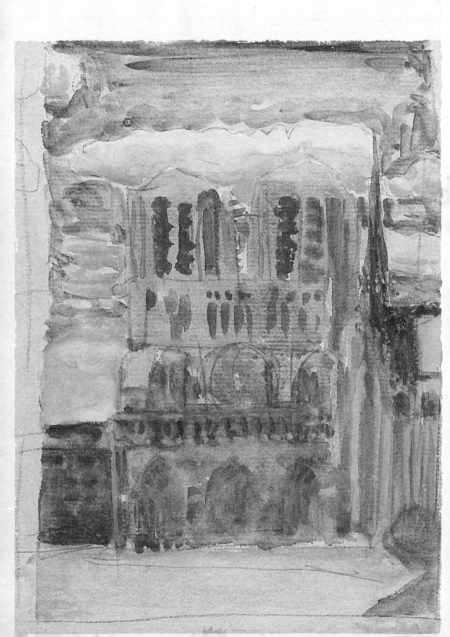

※ 图 2-14
柯布西耶所画巴黎圣母
院的尖塔：

　　柯布西耶旅行到波希米亚、塞尔维亚、罗马尼亚、保加利亚。在君士坦丁堡，他遇到了奥古斯特·佩雷，并在巴黎接到了他代理的事务所的工作邀请。但这个邀请最终不了了之，他继续他的旅行，看看希腊的阿索斯山，然后进入意大利。他再次访问了艾玛的修道院，但并没有留下深刻的印象。1911 年，勒·柯布西耶回到拉绍德封并开展了几个项目。他为父母设计的法夫尔-雅科（Favre-Jacquot）别墅，受到弗兰克·劳埃德·赖特启发而设计的实业家的施瓦布（Schwob）别墅，以及斯卡拉（Scala）大剧院。另一方面，他也参加了以暗示古希腊、古罗马艺术命名的当地知识分子的聚会"Agape"。

　　　　旅行就是勒·柯布西耶的工作室。他未接受正规的课程，面对着欧洲和东方城市街道竖立着的伟大建筑，将自身感受的印象积累了起来（※图2-15）。

　　艾普拉特尼耶并不仅停留于制表技术，而是全面推广综合艺术学校计划。她要求她的三名学生莱昂·佩兰、乔治·奥贝尔（Georges Aubert）和柯布西耶兼职教学。然而，那些反对艾普拉特尼耶教学计划的人引发了一场抗议运动，攻击说他们没有资格作为教育者。1914年，训练课程被迫关闭。勒·柯布西耶认为这个阴谋毫无意义，属于下作的手段，于是写了一篇抗议的文章让公众知晓此事，自从这一事件发生后，在很长一段时间内，他一直在发表一些具有争议的文章。

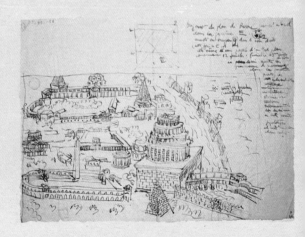

※图2-15
罗马的景观：
柯布西耶的速写。
©FLC-ADAGP

1913年3月30日19点前，在蒙田香榭丽舍剧院的入口大厅，工匠们用地砖完成最后的装饰。19点钟声响起，埃菲尔铁塔顶部的灯光照亮了剧院白色大理石的正面，第一批被邀请的客人聚集在一起。在本书中登场的人物有着千丝万缕的联系，都被看不见的伏线吸引到这个剧院的开幕式上。

香榭丽舍大剧院的开业，连接了巴黎的右岸和左岸。从有建设剧院的想法开始到正式开放，经过了7年时间。正是由于在波尔多出生的音乐家加布里埃尔·阿斯特吕克（Gabriel Astruc）的不懈努力，才使剧院顺利落成。他认为，巴黎缺少一个像美国音乐厅这样的大剧院。最初的方案，预设在香榭丽舍大街。建筑师的候选人是，特雷波特（Tréport）的赌场和福尔日莱索（Forges-les-Eaux）温泉的设计者——瑞士人亨利·菲瓦（Henri Fivaz）。菲瓦想到了一个以波尔多剧院和几家美国剧院为蓝本的综合体方案。然而，由于香榭丽舍大街的场地限制，菲瓦被辞退，联合建筑师布瓦尔（Bouvard）也随之辞职。音乐厅的三个方案被缩减成一个。但是，阿斯特吕克并不愿放弃，并最终找到了位于蒙田大道上的基地。新剧院将建在1855年巴黎世界博览会的"艺术博物馆"遗址上。因为它是城市网络上的场地，所以入口仅有一侧相对节约成本。艺术爱好者、商人加布里埃

尔·托马（Gabriel Thomas）成为香榭丽舍大剧院的会
长。布德尔（Bourdelle）和莫里斯·丹尼斯的朋友托
马作为甲方推荐亨利·范·德·费尔德（Henry Van de
Velde）[24]为设计师。在这个时候，建筑师范·德·费
尔德建议采用比钢架更经济的钢筋混凝土结构。为此，
范·德·费尔德咨询了佩雷兄弟并将其推荐给剧院建设
的投资者。一个星期后，擅长使用钢筋混凝土的佩雷兄
弟，提出范·德·费尔德的建设方案是超出预算的，并
提出了一个更经济的方案。

剧场建设的计划朝着共同合作的方向发展。阿斯特
吕克和托马，两位加布里埃尔一同，随时调整进度，加
快工作进程。阿斯特吕克选择了三个大厅的方案，菲瓦
称赞其可信度。布瓦尔巧妙地在蒙田大道实现了这个方
案。范·费尔德创造了骨架。奥古斯特·佩雷通过钢筋
混凝土将威严赋予了这个建筑。托马是许多艺术家的
赞助人，建筑的装饰部分由安托万·布德尔（Antoine
Bourdelle）、莫里斯·丹尼斯、保罗·普瓦雷设计。对
于剧院来说，布德尔不仅仅是一位雕塑家，他也是建筑
正面玄关的设计师。剧场的正面由大理石制成。佩雷
兄弟在蓬蒂厄（Ponthieu）大街的汽车修理店实现的
清水混凝土墙壁，被大众所接受还为时尚早。在入口的
上方，布德尔运用大理石雕刻出一个带状饰物和五个浮
雕石板，石板上雕刻出的人物是以不再跳舞的伊莎多
拉·邓肯为原型创作的（※图2-16）。在剧院的礼堂里，在大厅上方设
置了一个球状枝形吊灯，在枝形吊灯周围绘制了一
幅大圆形的莫里斯·丹尼斯的画作。这幅天花板上
的画，是对音乐荣耀的赞美，灵感来源于瓦格纳的
《帕西法尔》。在舞台正上方，面向圣杯、俯瞰舞台下方

*24 亨利·范·德·费尔德（1863—1957），比利时建筑师，推动了新艺术运动向
现代主义的发展。

的正是伊莎多拉·邓肯。她的肢体动作被包裹在薄纱中，具有威严的气势，显露在天花板中央耀眼的光线中。

建设工程从1910年到1913年持续了3年时间。在施工开始的1910年，巴黎发生洪水，施工基地被洪水淹没接近1米，但建造者们没有屈服于塞纳河的任性。

1913年4月2日晚，香榭丽舍大剧院开业。人们从巴黎各处蜂拥至此。正如塞姆（Sem）绘画中所描绘的那种狂热一般，场地呈现出无处落脚的盛况。桑热-波利尼亚克公爵夫人在戏剧发布前几天将剧院作为私人音乐会"女装设计师"的场地。柯布西耶当时住在拉绍德封，并于1913年来到巴黎购买书籍。他是否也被邀请参加了开幕典礼呢？

他们选择了适合开幕仪式的表演曲目——夏尔·卡米尔·圣-桑的作品、德彪西的《大海》(*La Mer*)、保罗·杜卡的《魔法师的弟子》(*L'Apprenti sorcier*)、樊尚·丹第的《菲伐尔》(*Feuwaal*) 序曲。这三首歌曲都由作曲家亲自指挥。埃马纽埃尔·夏布里埃的新作《音乐的颂歌》也被演奏，并由德西雷-爱弥儿·安热尔布雷什特（Désiré-Émile Inghelbrecht）指挥。

剧院遵守诺言，于1914年1月，在香榭丽舍大剧院上演了《帕西法尔》。这是瓦格纳神话般的杰作第一次在拜罗伊特以外的地方演出。甚至在此之前，1913年5月，俄罗斯芭蕾舞剧、伊戈尔·斯特拉文斯基的《春之祭》(*Le Sacre du printemps*) 上演。嘲弄、讽刺、示威游行、抗议示威等骚动引发了巴黎媒体界的轩然大波。斯特拉文斯基花了大约一年的时间才取得胜利。巴黎因谢尔盖·达基列夫（Sergey Diaghilev）[*25]而沸腾，并沉浸在蒙特卡罗（Monte-Carlo）俄罗斯芭蕾舞团[*26]的表演

*25 谢尔盖·达基列夫（1872—1929），俄罗斯的艺术策划人，芭蕾舞团"俄罗斯芭蕾舞团"的创始人。
*26 达基列夫死后，"俄罗斯芭蕾舞团"解散，此后由蒙特·卡罗组建的芭蕾舞团。

中。温纳莱塔公爵夫人给予他们经济上的支持。芭蕾舞团于1923年6月13日在诗意拉盖特（la Gaîté-Lyrique）剧院演出了斯特拉文斯基的《婚礼》（*Les Noces*）。温纳莱塔听着音乐，由斯特拉文斯基在温纳莱塔的音乐殿堂亲自指挥，观众们都非常满足。当芭蕾舞剧《婚礼》于6月13日公演，它所取得的巨大成功使人们忘记了10年前《春之祭》的丑闻。**温纳莱塔不断改变着音乐的潮流，带来变革，改变还在不断进行。演出日之后的一个周日，包括芭蕾舞团和音乐爱好者在内的所有人都聚集在议会大厦前面的一艘餐船上。**围绕在温纳莱塔周围的有，斯特拉文斯基、达基列夫、乔治·奥里克（Georges Auric）、达吕斯·米约（Darius Milhaud）、谷克多、毕加索、布莱兹·桑德拉尔（Blaise Cendrars）、特里斯坦·查拉（Tristan Tzara）……

2015年1月的一个晚上，我到香榭丽舍大剧院观看了《声音》（la nena），它是为了致敬百年历史的弗拉明戈艺术，由莎拉·巴拉斯（Sara Baras）首演的剧目。我收到巴塞罗那著名餐厅"利奥波德"的罗莎（Rosa）（所谓的"婴儿"）的邀请来观看演出。莎拉·巴拉斯用脚跟敲击出紧张急促的声音，刻画出节奏，从毫不犹豫的坚定步伐转变为慵懒的波浪般的舞步。在描绘着伊莎多拉·邓肯的屋顶下舞动的弗拉明戈舞者展现了建筑的力量，以及这座钢筋混凝土建筑所拥有的充满革新的包容力。在剧院顶层画廊的窗户上，展示了香榭丽舍大剧院的精彩历史。我要感谢剧院经理弗朗西斯·勒皮容（Francis Lepigeon）和罗莎让我有机会亲吻莎拉·巴拉斯，这位创造现代历史的伟大艺术家。

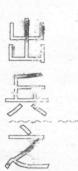

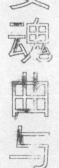

出兵之歌、安魂曲与赞美诗

打开地图册，用手指向沿着格林尼治子午线北纬44°的地方，这是一个在第一次世界大战前夕有着1300人口的小镇。我就出生在这个被称作朗德地区农场的地方。

在20世纪初，青蛙梦想成为一头牛。为了促进当地文化的推广，成立了节日运营委员会，组织了市管弦乐团，结成了第一支法国橄榄球队，建立了一个赛马场和斗牛场。但出乎意料的是，这里虽然是木材产地，但议员们希望斗牛场可以采用混凝土结构。采用混凝土结构的理由是，他们咨询了市中心的工程师萨巴捷（Sabatier），他非常熟悉香榭丽舍大剧院，并想将斗牛场建成第一个装饰艺术风格的建筑。尽管是在小城镇，建造如达克斯（Dax）和蒙德马桑（Mont-de-Marsan）等周边的大城市同等规模的建筑，还是十分让人震惊的。即使已经过去了100年，这个节日运营委员会今天依然存在。市管弦乐团变成了给橄榄球俱乐部和学校助威的班达户外乐团，赛马场是一个受欢迎的场所，斗牛场也淹没在七月最后一周的奉献节的人潮中（※图2-17）。

1914年7月26日，从混凝土造的斗牛场传出了《马赛曲》轻快的回响，这所新建筑的揭幕式正在进行。农场及其周边地区的居民纷纷赶来，坐满了1300个席位。最强的斗牛士，为了这一天特意赶来。无论是斗牛士，还是其他什么，一切都是最好的。以萨拉热窝爆炸事件为

契机爆发的战争威胁似乎还很遥远。无论在周一还是周三，斗牛场总是座无虚席。揭幕式过后第五天，发布了总动员指令。斗牛场坐满的观众中，18至48岁的男观众和斗牛士，无一例外被动员前往前线……

波利尼亚克公爵夫人留在巴黎，支持法国军队的战争，为了在前线受伤的士兵们，她帮助玛丽·居里[27]将激光治疗设施送往战场。

在战争扩大的同时，勒·柯布西耶于1915年设计了一个由柱支撑的钢筋混凝土构造体—"多米诺"系统[28]（※图2-18）。"多米诺"结构建立在勒·柯布西耶架构的建筑新五点（底层架空、自由平面、自由立面、向外开放的连续水平窗、成为露台的屋顶花园）的基础上。设计这个的起因，是为了重建被轰炸摧毁的法国城市。为了加快重建的进度，响应大量的建筑需求，也就是说，最大限度地节约时间，需要利用工业生产的成果迅速应对城市的复兴。柯布西耶寻求他的发小马克斯·迪·布瓦（Max Du Bois）的支持。迪·布瓦毕业于苏黎世科学与工程学院，他是德国工程师埃米尔·默施的学生，默施于1906年描述了钢筋混凝土框架的优点。迪·布瓦对于这种减小支撑部分的空间，将内部空间、平面和立面解放，仿佛一枚轻巧的岩板一样的钢筋混凝土框架很有信心。1909年，迪·布瓦将埃米尔·默施的《钢筋混凝土》翻译成法语。他们合作不断完善建筑体系，柯布西耶将其命名为"多米诺"。多米诺系统的概念在柯布西耶的作品中反复表达，这种结构体系是在底层架空的空间上分布三层平板，并由带有休息平台的楼梯连接而成。

---

*27 玛丽·居里（1867—1934），物理学领域的科学家，出生于波兰。
*28 1914年由柯布西耶提出的钢筋混凝土结构体系，是现代主义最基本的理念。

尽管离开了巴黎，但是柯布西耶并没有与巴黎失去联系。1916年，保罗·普瓦雷委托柯布西耶设计了博尔默-雷-米莫萨（Bormes-les-Mimosas）的别墅。

迪·布瓦是一名技术人员，柯布西耶负责空间的美学设计，在住宅和别墅都采用相同的体系。1916年夏天，在巴黎的小皇宫举行了主题为"复兴都市"的展览。马克斯·迪·布瓦在当时经营着一个被称为"SABA"的公司，参与钢筋混凝土的工业生产。柯布西耶为了证明"多米诺"建设理论，委托展览会制作了与实物大小相当的多米诺建筑。通过展示实物，使人们理解它的价值。然而，迪·布瓦没有做样品。柯布西耶和马克斯·迪·布瓦一同创立了专注于科研、工学，以及工厂、都市、住宅建设项目的"工业生产研究协会"（SEIE），柯布西耶在迪·布瓦"SABA"的公司里面拥有一张小桌子。

幸免服兵役的画家阿梅德·奥赞芳（Amédée Ozenfant），于1916年发行了杂志《跳跃》（LEAP），该杂志收到了纪尧姆·阿波利奈尔（Guillaume Apollinaire）、安德烈·迪努瓦耶·德塞贡扎克（Andre Dunoyer de Segonzac）、马克斯·雅各布（Max Jacob）等人的投稿。奥赞芳为杂志的出版贡献了很大的力量，并敦促前往前线的艺术家们，和像他一样没有前往前线的艺术家为杂志作出贡献。奥赞芳当时在一个建筑事务所工作。他的建筑从立体主义[*29]开始，走向纯粹主义[*30]。1917年，他与柯布西耶会面，他们尊重彼此的绘画活动，还举办了多次双人展。第一次联合展览是在莱昂斯·罗森贝格（Léonce Rosenberg）的工作室举办的。毋庸置疑，柯布西耶作为《跳跃》杂志的作者占据了重要的位置。

[*29] 20世纪初期现代艺术的大动向。相对于目前为止的具象绘画基于一个视点进行描绘，将从多个视角看到的图形收缩在一个画面中，否定了文艺复兴以来的一点透视作图法。

[*30] 在1918-1925年的短时间内，于法国展开的艺术运动。批判了陷入主观主义的立体主义，强调了更加具有纯粹化的功能性绘画的必要性。

※ 图 2-18
「多米诺」体系的示意图。
©FLC-ADAGP

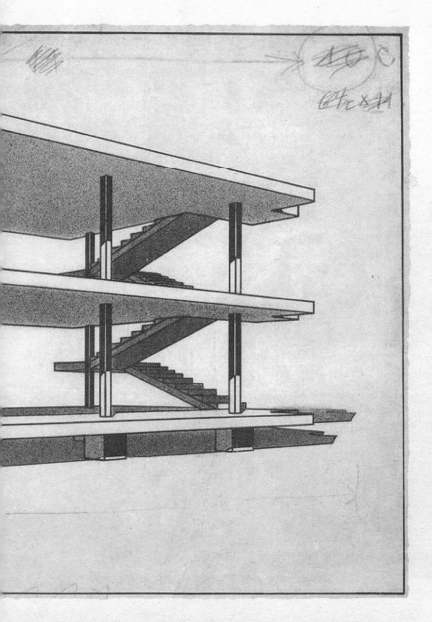

卢浮宫与法兰西学会间的「路易丝－凯瑟琳号」

卢浮宫与法兰西学会间的
「路易丝—凯瑟琳号」

『漂浮庇护所』的落成仪式

迷雾年代

瓦解

平底船的建造

狂热的年代

携手救世军

从让纳雷到勒·柯布西耶

勒·柯布西耶—皮埃尔·让纳雷建筑事务所

『路易丝』—凯瑟琳号的契机

3

第3章 卢浮宫与法兰西学会间的「路易丝－凯瑟琳号」

勒·柯布西耶与路易丝－凯瑟琳号

漂浮的庇护所

平底船的建造

狂热的年代

携手救世军

从让纳雷到勒·柯布西耶

勒·柯布西耶－皮埃尔·让纳雷建筑事务所

“路易丝－凯瑟琳号”的契机

“路易丝－凯瑟琳号”创造的命运

“漂浮庇护所”的落成仪式

迷雾时代

瓦解

平底船的建造

第一次世界大战时，铁和煤炭极度匮乏，为了实现对巴黎的原料补给，建立一道联系伦敦与巴黎的海运纽带迫在眉睫。法国本土的矿山地带被德军占领，1914年之前，都是由德国鲁尔区的工会进行煤炭供给，如今这种支援也无法继续下去了。在这危急的情况下，不知是谁想到了米拉沃城的轮船，于是建造混凝土轮船就被定为应急预案加以实施。如果能有一支混凝土制的小型船队，就可以实现重要的原料补给。一时之间，造船厂如雨后春笋般出现在鲁昂港的塞纳河岸。

1915年，工程师弗雷西内（Freyssinet）制定了100艘拖船、150艘平底船的建造计划。这些船全部由混凝土或钢铁制成，渡过英伦海峡后在加地夫（Cardiff）装货。平底船采取拖航的形式，并全部以爬虫类的名字命名，其中最有名的当属第一艘横跨英伦海峡的"蜥蜴号"（Lézard）。值得惊叹的是，就在同一时期，其他建造混凝土平底船的造船厂也纷纷获得了外界的关注。在今天"路易丝-凯瑟琳号"停靠的位置正对面，工程师洛顿（Lorton）提出了重400吨的轮船的构想。

鲁昂港作为物资补给的枢纽，不仅同盟国军在这里接收本国的补给，从英伦诸岛运来的煤炭也在这里登陆。于是朗博的意见被采纳，洛顿可谓享受到了1855年起历经调整的技术。

　　建造平底船的计划最终被立案实施。由于船体巨大，长宽尺寸都很惊人，为保证最大荷载时能通过桥下，干舷和吃水就成了亟待解决的问题。数量众多的造船厂被建造出来，其中之一就坐落在离鲁昂港不远的安弗勒维尔-拉-米-沃伊，位于安弗勒维尔教会前（正如之前所述，这座教会是证明了早期钢筋混凝土建筑采用穹顶的一个案例）。就在这里，"列日号"被建造出来（※图3-1），它也正是"路易丝-凯瑟琳号"的前身。

关于平底船的洗礼也有不明之处。航海日志就像是船只的身份证，而这里记载的造船厂却位于厄尔的安弗勒维尔（Amphreville-en-Eure）。这是不可能的事情。厄尔的安弗勒维尔地处内陆，要让平底船下水绝不可能。真正的位置一定是至今还残留着当年痕迹的安弗勒维尔-拉-米-沃伊的造船厂。

1917年9月，以美国的救援为基础，这个体现了美欧合作意义的小型船队建造计划开始实施。船队由平底船、拖船、驳船组成，并备有搬运货物的起重机。其中我们的"列日号"长约70米，宽8米。拖船和浮桥上印有写着美国州名的旗帜图案，平底船则用战争中罹难的欧洲都市命名，"列日号"也是其中一例。除"路易丝-凯瑟琳号"之外，其他平底船的样本也有几艘留存下来——在孔夫朗-圣奥诺里纳（Conflans-Sainte-Honorine）作为礼拜船使用的"我来侍奉号"（Je sers）、协和桥停靠处的"旅游俱乐部号"（Touring-Club）、塞纳河各处河岸停泊的德努（Denou）的拖船，以及新城勒鲁瓦（Villeneuve-le-Roi）的驳船。我真心希望有朝一日这三艘船能在奥斯特里茨车站的停靠处集结，进而重建整个船队。

造船厂的结构十分简单。因为承受不住混凝土船体的重量，所以并未设置让船进水的倾斜面。首先在与河口水位同样高的地方挖掘船坞，使满潮时的水能够导入进来；然后筑起堤坝，用以隔离船体，并在没有水的状态下继续造船。由于船体的外形是用木框架建造的，造船厂和传统木船匠人的技艺有着千丝万缕的联系。"路易丝-凯瑟琳号"的平底，到今天都可以分辨出使用了模具的板材的痕迹。外侧则采用曲面的形式，并设置好钢材的型号。以各种不同的直径组合起来的钢筋骨架，最终变成了构成平底船的船体、肋板和纵骨。这整个构造体通过等距设置的升降机得以保持水平。

这个巨大的网眼般的构造距离混凝土的裸露表面非常近，为了防止发生氧化，需要充分加以注意。虽然金属骨架没有留下一张照片，但这个钢铁的架构即使称为真正的艺术品也不为过。有可能是匆忙进行大规模造船而没有时间拍摄照片吧。内部的钢筋混凝土制模板，不在船尾而在船首合为一体，从那里注入混凝土，使其与骨架、梁和各种支撑物结合，从而成为可以经受沉重的货物和湍急的水流的结构。

我很喜欢这艘船。虽然不知道水泥和钢筋是从哪运来的，水和沙砾却全部取自塞纳河的河床。将平底船嵌入边框中，保持原样放置一个月使其干燥。之后取下木头罩子，安上船舵、起重机、锚的卷轴机，等等，整艘船就可以运作了。实际上这个过程仅花了三个月，之后就正式下水了。这种造船的方法比起其他的方法，成本低了三分之一。凿开堤坝，满潮的河水把平底船托起，使其自然地脱离模具，滑进塞纳河中——在塞纳河上航行就是它的使命。

因战争而诞生的这个船队，于1922年被清算处理，33艘平底船中的11艘被保存在国内，其余的则被售出。

※图 3-1
平底船「列日号」，1919 年

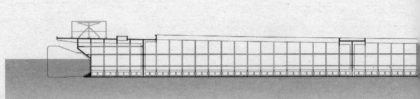

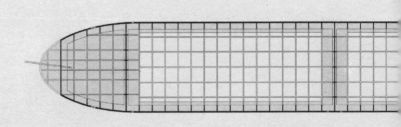

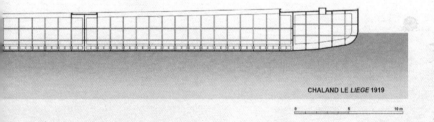

CHALAND LE *LIEGE* 1919

0   5   10 m

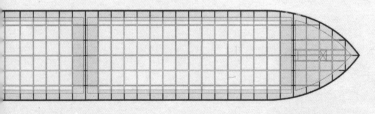

CHALAND LE *LIEGE* 1919

0   5   10 m

狂热的年代

1925年最大的建筑展览，当属"装饰艺术与现代工业国际博览会"*1。会场设在荣军院和巴黎大皇宫之间，横跨塞纳河的亚历山大三世桥上。这次展览会成为装饰风艺术和之后的新式建筑样式的对决之地。著名的建筑师皆云集于此。皮埃尔·帕图（Pierre Patout）建造了协和门的8个装饰塔，并设计了"收藏家的展览馆"（Pavillon du Collectionneur），广受赞誉。其入口饰以皮埃尔·布德尔（Pierre Bourdelle）的浮雕，更添几分纪念性的韵味。法国大使馆展馆中则汇集了吕尔曼（Ruhlman）、马莱-史蒂文斯（Mallet-Stevens）、弗朗西斯·茹尔丹（Francis Jourdain）、皮埃尔·沙罗（Pierre Charreau）、让·吕尔萨（Jean Lurçat）的作品。皮埃尔·费雷（Pierre Ferret）负责装饰的波尔图馆里装满了红酒，史蒂文斯的观光馆则通过与巴黎大皇宫正面玄关形象的对立，诉说着1900年以后建筑精神的变革。

有别于这些被称作"装饰风艺术"的表现形式，康斯坦丁·梅利尼科夫（Constantin Melnikov）设计的苏联馆以建筑本身的魅力折服了众多来访者，揭示了新式现代建筑的发展成果。另一个值得一提的是勒·柯布西耶和皮埃尔·让纳雷设计的不加装饰的现代主义建筑"新精神馆"（※图3-2）。两位建筑师的理论研究也受到亨利·弗吕日（Henry Frugès）和瓦赞（Voisin）兄弟[2]的赞助，得以在空置的土地上进行建造，但结果却并不尽人意，一时遭受了许多非议。实际上，为了避过甚嚣尘上的中伤和反对舆论，博览会召开的时候组织委员长甚至让人制作了遮挡的围栏，宣称"这不是建筑"并将其放在巴黎大皇宫的角落里。第二天，教育部命令撤去围栏，法国艺术部长亲自主持了新精神馆的揭幕仪式。

通过这场争论，勒·柯布西耶开始考虑面向社会的宣言，并反映在建筑用语中——用"小房间"（serrure）代替"住宅"（logement），用"备用品"（equipment）代替"家具"（ameublement）。在这个关心建筑艺术的人们可以公然发表批评与责难意见的地方，他试图看清包含建筑形式与未来主义艺术等一切建筑的本质。柯布西耶将巴黎大皇宫的外部装饰比作糕点上的点缀加以嘲笑，对他来说，巴黎大皇宫只有在内部看的时候才称得上是卓越的建筑。柯布西耶与奥赞芳也正是在这场论战结束后分道扬镳。

在此之前，勒·柯布西耶也做出过贸然的尝试，那就是以直角的构造和十字形的建筑物构成的巴黎中心区改造方案"瓦赞计划"（plan Voisin）[3]（※图3-3）。这也并不是柯布西耶唯一的尝试。这一超前的提案很难说是独创的，但直到今天，在谈起柯布西耶时，这依旧是他遭到批判的理由。勒·柯布西耶与皮埃尔·让纳雷真正第一次接手的城市设计项目并不是瓦赞计划，而是印度的昌迪加尔（Chandigarh）城市规划。

让我们把目光从展览馆移到雷恩大街（La Cour De La Reine），在荣军院桥与亚历山大三世桥之间的塞纳河左

[2] 查尔斯和加布里埃尔，1906年于法国创立瓦赞飞机制造公司。
[3] 提出在巴黎中心建设超高层大楼的城市规划，想通过超高层大楼的建设解决巴黎存在的诸多问题，展示于1925年巴黎世博会的"新精神馆"内。

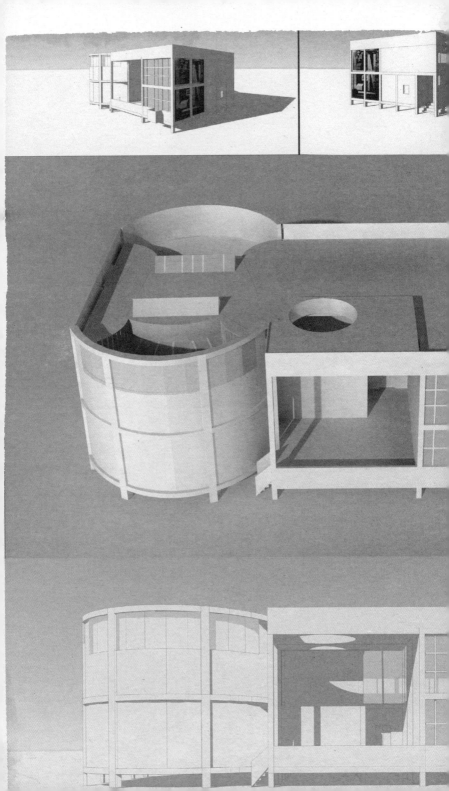

※ 图3-2
「新精神馆」计算机模型图

岸上,当时正拴着保罗·普瓦雷名下的三艘江轮。从这三艘船的照片来看,很有可能是用混凝土制成的,也就有可能是当时鲁昂港建造的船队中的成员。普瓦雷将这三艘船分别命名为"爱""欢乐"和"风琴"。这些单词在法语中,单数代表男性名词,复数则代表女性名词。

　与此同时,刚刚出版了《尤帕利努斯,或谈建筑师》(*Eupalinos ou l'Architecture*)一书没多久的保罗·瓦雷里正受邀在桑热-波利尼亚克(Singer-Polignac)公爵夫人邸做客。诗人瓦雷里在书中试想了费德尔(Phèdre)与苏格拉底的对话,借此阐述自己的观点。公爵夫人和诗人以"让建筑歌唱"的建筑师尤帕利努斯为引,围绕着论述建筑与音乐相关性的苏格拉底进行了讨论。后来瓦雷里指出,尤帕利努斯并不是神殿的建筑师,而是运河的工程师。

　　作为一名建筑师和城市规划研究者,《尤帕利努斯,或谈建筑师》一书对我的观念产生了深远的影响。1970年联合国教科文组织决定重评迦太基遗迹,为此远赴突尼斯时,这本书也陪伴在我身旁。考古学家们大多不喜欢混凝土,而更倾心于花很多年寻找那些修复建筑物时缺少的石头。迦太基的拉古莱特(la Goulette)大街上,有着可以整顿交通的圆形转盘道,使用雕有精美莨苕叶纹的科林斯柱头(高1.8米,重8吨)作为装饰。这个柱头是从安敦宁温泉遗迹(des thermes d'Antonin)中被挖掘出来,原本应该是温泉入口处其中一个巨大圆柱(高12.5米,重60吨)上端的装饰。此圆柱于7世纪时崩塌。在那之后,迦太基遗迹就沦为了突尼斯、比萨等地中海城市的采石场。我们调查团中的一员雅克·韦里泰(Jacques Vérité)认为,突尼斯的巴尔杜国家博物馆入口处的两个柱身正来源于这个圆柱。于是我们决定发掘那些崩塌的石块,并试着将它们重新组合起来。然

而组合的结果是，发现圆柱仍然缺少一处高2米的圆筒部分，这部分最后只好用钢筋混凝土补足。如果是专家的话，一眼就能看出其中颜色的差别，但是对于观光客而言，应该足以让他们想象出这栋建筑物巨大到匪夷所思的全貌了（※图3-4，※图3-5）。

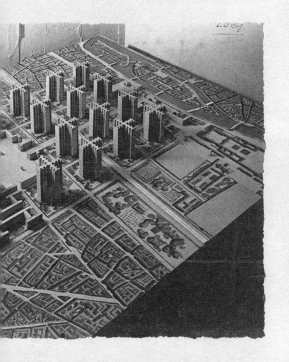

mise en valeur du pat|rimoine monumental de la r

P R O J E T   T U N I S

NOV 71

|REPUBLIQUE   TUNISI

:Institut National d'Archeologie e

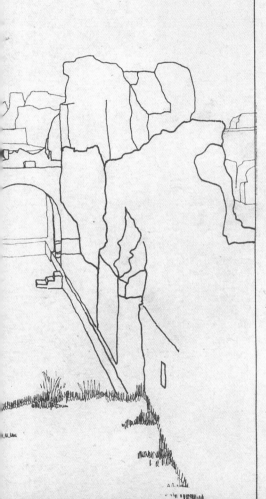

de Carthage en vue du developpement economique

C A R T H A G E

- U.N.E.S.C.O.- P.N.U.D. TUN 71-532
- Association Sauvegarde de la Medina

携手救世军

"福音名下众生平等，减轻人们一切苦痛。"——1865年7月5日，卜维廉（William Booth）成立"东伦敦基督教传道部"（La Mission Chrétienne de l'Est），为完成这个使命鞠躬尽瘁。传道会诞生于伦敦的贫民窟——东区的中心区。1878年8月7日，基督教传道会正式定名为"救世军"。救世军采用军事化的管理方式，阶级分明，制服统一，挥舞军旗，宣扬"热汤、肥皂和永福"的标语。国际总部位于伦敦，在各个国家有自己的组织机构。

救世军支部首先在英国本土推广，随后自1880年起，开始在澳大利亚、美国等英语基督教国家蔓延开来。1881年，卜维廉的女儿、有"元帅夫人"之称的凯瑟琳远渡法国传道。虽然同样信奉基督教，但仅从语言上看，法国也是名副其实的异邦之地。事实上直到1901年12月23日才成功签订条约。救世军真正为人所知，也是自1891年有名的"圣诞锅"（marmites de Noël）活动举办之后开始的。

1917年到1934年间，担任法国现场指挥官的阿尔班·佩龙（Albin Peyron）和妻子布朗谢（Blanche）为救世军的发展做出了贡献。虽然夫妇二人为了减轻贫困而投资住宅建设，但在第一次世界大战的惨祸下只是杯水车薪。救世军在营地、车站或是距离前线很近的地方设立"士兵之家",以此作为接济难民的据点。"第一次世界大战时的法国士兵"可以在这里躺下休息、喝咖啡、写信、阅读图书室的书籍,从而宽慰身心。救世军此后也活用了这一经验,开始着手建设面向穷人、流浪汉、失业者、有犯罪前科的人、出院后需要疗养的人等人群的保护设施。

阿尔班·佩龙出身于赛文地区,属于在路易十四世发动的"龙骑兵对新教徒的迫害"中受害的古老基督教家族。他在尼姆(Nîmes)出生,14岁时加入救世军,热衷于演讲,是天生的社会活动家。妻子布朗谢是牧师的女儿,性格温和平稳,正好和容易暴怒的丈夫互补。夫妻二人组织了各式各样的活动,1926年举办的"深夜热汤"服务活动引出了后来的"心灵食堂"。

佩龙夫妇必要时也兼职建筑师的工作。比如将装配式的临时用房改建成住宅,并为了表明用途以"馆"命名。1925年,首个作品"人民馆"(Palais du Peuple)在巴黎第13区哥德利埃(Cordelières)大街29号动工。两年后,勒·柯布西耶对其进行了扩建。1910年,在沙隆(Sharonne)大街94号建造了"工人宿舍"——这是法国首个为单身男性设计的平民住宅。这个项目之所以能顺利实施,多亏了继承了丈夫庞大遗产的阿米希·勒博迪(Amicie Lebaudy)女士慷慨的援助。建筑师拉比西埃(Labussière)和隆格雷(Longerey)用大面积的玻璃窗引入阳光,并加入了诸如马赛克、陶瓷、木雕等装饰,设计出了在当时可称作高级住宅的作品。

然而后来战争爆发,计划发生了很大变化。首先单身男性由于被征兵,数量大幅减少,男性工人宿舍被用作野战医院,后来"养老金机构"也暂时入驻进来。1926年,佩龙夫妇将这栋建筑更改为"女性馆"(Palais de la Femme)。

1933年，"巴黎庇护城"（Cité de Refuge）（现救世军本部）在骑士街（Rue du Chevaleret）37号竣工，落成仪式由时任法国总统的阿尔贝·勒布伦（Albert Lebrun）主持执行。为了表达对投资者的敬意，这栋建筑在很长一段时间里也被称为"桑热-波利尼亚克庇护所"（※图3-6）。

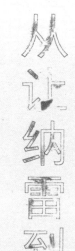

从让纳雷到勒·柯布西耶

　　勒·柯布西耶究竟是从何时起成为建筑师的呢？这个问题在今天也是个难题。围绕柯布西耶本人和他作品的无休止的争论，更让寻找真相变得困难了起来。

　　1930年9月19日，柯布西耶取得法国国籍时，职业一栏填写的是"文员"。3个月后的12月18日，与伊冯娜·加利（Yvonne Gallis）的结婚证上则写的是"画家"（※图3-7）。1922年开设建筑事务所时，也并没有明确写上建筑事务所的字样。奥古斯特·佩雷曾担心他会成为自己潜在的竞争对手，柯布西耶就在5月给佩雷写了一封信，信中写道："在建筑领域，我一定不会成为您的竞争对手吧。这是因为由于种种原因，我已经放弃了用一般的办法进行建筑实践，现在只想专心于解决造型方面的问题而已。"

　　把时间稍微回溯到1917年2月，柯布西耶最终决定定居巴黎，住在朋友马克斯·迪·布瓦家中，并通过他接触到了巴黎的瑞士人圈子。后来在"SABA"（钢筋混凝土应用协会）担任建筑顾问。建成的5座别墅全部位于拉绍德封，柯布西耶作品全集中则只收录了其中2座。这非常引人深思，应该藏有很多线索，但还是先让我们从其他方面找找看。1912年柯布西耶在拉绍德封出版了《有关德国装饰艺术运动的研究》（*Étude sur*

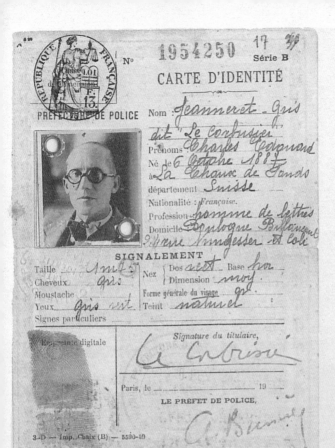

TES DE L'ÉTAT CIVIL

Naissances.

...es de naissance doivent être dressés dans les trois ...ccouchement (non compris le jour de la naissance), ...ée l'arrondissement dans lequel a eu lieu l'accou-

...ration de naissance est faite par le père, ou, à ... par les docteurs en médecine ou en chirurgie, ...ss ou officiers de santé ou autres personnes ... assisté à l'accouchement et, lorsque la mère ...hée hors de son domicile, par la personne chez ... accouchée.

...'acte de naissance peut être immédiatement rédigé ... du déclarant muni du présent livret sur simple ... d'un certificat de constatation de naissance signé ...de la sage-femme ou de l'officier de santé qui aura ...ccouchement.

Mariages.

...demander à la Mairie des renseignements sur les ... remplir pour contracter mariage.

...age doit être précédé d'une publication.

...ration dure dix jours.

au second recto de la couverture.)

Adj. 1928. 9ᵉ Lot. Nº 7000.

RÉPUBLIQUE FRANÇAISE
LIBERTÉ — ÉGALITÉ — FRATERNITÉ

ANNÉE 1930

Numéro 4088   VILLE DE PARIS   6ᵉ Arrondissement

Du 18 décembre mil neuf cent trente

Mariage

ENTRE : Charles Edouard JEANNERET-GRIS

Né le 6 octobre 1887 à La Chaux de Fonds

Arrondᵗ d   d Suisse

Profession : artiste-peintre

Domicilié à Paris, rue Jacob, 20

Fils de Georges Edouard)
et de Marie Charlotte Amélie Perret   mariés.

Veuf de

ET   Jeanne Victorine GALLIS

Née le 1 janvier 1892 à Monaco

Arrondᵗ d   d Principauté

Profession : sans

Domicilié a Paris, rue Jacob, 20

Fille de Jean Baptiste)
et de Marie Joséphine Crovetto   mariés.

Veuve de

Contrat de mariage reçu le 16 décembre 1930
par Me Charles Tollu, notaire à Paris.

SIGNATURE DE L'ÉPOUX,   SIGNATURE DE L'ÉPOUSE,

Délivré le 18 décembre 19 30

L'Officier de l'État civil,

00105

le mouvement d'art décoratif en Allemagne），1918年和奥赞芳一起在巴黎发表《立体主义之后》（Après le cubisme）。与奥赞芳的邂逅对柯布西耶来说意义重大，他能顺利融入巴黎社会，这位画家功不可没。比如，和保罗·普瓦雷家里建立起联系的就是奥赞芳。在早期的油画和静物画中，建筑师勒·柯布西耶描绘的都是巴黎。即使老师艾普拉特尼耶反对他成为画家，当时的柯布西耶受到莫里斯·丹尼斯《理论1890—1910年：从象征主义和高更到古典新秩序》（Théories 1890-1910. Du symbolisme et de Gauguin vers un nouvel ordre classique，1912年）的强烈影响，对绘画的热情不退反进。

到1930年为止，勒·柯布西耶在作为画家的同时也坚持写作，重要的著作《走向新建筑》（Vers une architecture，1923年）就是在这段时间写成，并在和奥赞芳一起主办的杂志《新精神》（L'Esprit nouveau）上发表。此外还有同一期收录的《现代绘画》（La Peinture moderne，1925年）、《城市规划》（Urbanisme，1925年）、《今天的装饰艺术》（L'Art décoratif aujourd'hui，1925年）、《现代建筑年报》（Almanach d'architecture moderne，1925年）、《一栋房子，一座宫殿》（Une maison un palais，1928年），以及1929年在布宜诺斯艾利斯的演讲稿《关于建筑与城市规划的详细现状》（Une maison un palais（1928）et Précisions sur un état présent de l'architecture et de l'urbanisme，1930年），等等。他既是高产的文人，又能兼顾设计与建造——其中包括他在法国最初的作品、位于波当萨克（Podensac）（吉伦特省）的奇特的水塔（※图3-8），水力发电大坝，3个展览馆，学生会馆，公寓，车库，2个工人住宅区，5个艺术家工作室，9个别墅，为救世军设计的3个设施等。这个时期的柯布西耶有着三重身份，他颠覆了建筑的传统概念，他的著作引发了巨大的争议，在绘画上却没有取得预期的成功。

这段时期，柯布西耶与奥赞芳关系十分融洽。在1920年到1925年的期间，两人共同主办的《新精神》杂志因拥护立体主义而引人注目。柯布西耶试图把这本建筑杂志发展为跨多学科领域的杂志，以诗人阿波利奈尔的"新精神"为刊名，希望在城市生活与技术革新中找到新的诗的源头。文人、画家、建筑师勒·柯布西耶从这时起开始使用"勒·柯布西耶"这个笔名代替本名的让纳雷在杂志上发表论文。

弗朗索瓦·沙兰（François Chaslin）所著《柯布西耶者》（Un Corbusier，2015年）一书中，从奥赞芳的视角以插叙的形式描述了二人复杂的关系。有一天，两个人和平时一样在戈多莫鲁瓦（Godot de Mauroy）大街的酒吧"勒杰德尔"（Legendre）小酌。当时在巴黎旧建筑一层开设的许多咖啡店，其顶棚的高度都在4米左右，有些还会更高。酒吧的经营者们就在最高的顶棚下面设立吧台，并为了能摆下更多的桌子加建夹层。勒杰德尔的店长也用了同样的改造手法。勒·柯布西耶对此大加赞赏，认为这种做法既最大限度地活用了入口和吧台的空间，又考虑到了客人的私密空间。他当着奥赞芳的面详细说明了这种空间安排的效果，1922年又承办了奥赞芳工作室的建造工作。在设计"路易丝-凯瑟琳号"内部的隔间时，柯布西耶也采用了这种建筑手法。

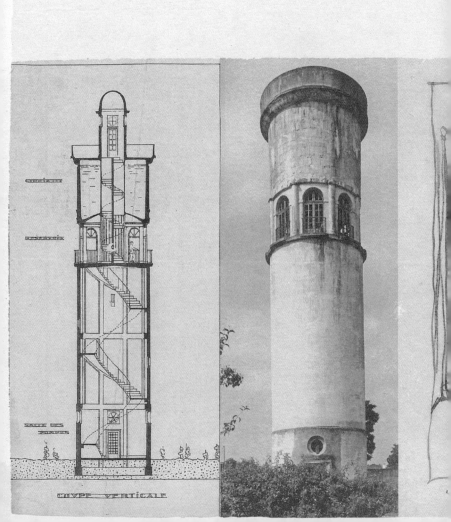

※ 图3-8
波当萨克的水塔：
©FLC-ADAGP

COUPE VERTICALE

勒·柯布西耶—

皮埃尔·让纳雷

建筑事务所

在作为建筑师而活跃的日子里，同伴对柯布西耶来说不可或缺。1922年，他和堂弟皮埃尔·让纳雷建立了合作关系，皮埃尔建议他开设一间自己的事务所。皮埃尔·让纳雷比柯布西耶小9岁，毕业于日内瓦美术学校，在佩雷兄弟的事务所工作两年后，和柯布西耶一起独立出来（※图3-9）。两个人就住在位于塞夫尔（Sèvres）大街35号处，耶稣会修道院一隅的走廊兼工作室中。这间工作室直到柯布西耶去世都一直留存了下来。然而，两人曾经在此埋头于枯燥研究的传说中的工作室，其原址今天却被毫无建筑价值可言的建筑物所占据，再也看不到过去的影子了。

应该如何定义堂兄弟二人的团队合作呢？用建筑史学家弗朗索瓦丝·肖艾（Françoise Choay）的话来说，皮埃尔·让纳雷是被历史遗忘的人物。能够确认的只有他是事务所的专属职员这一件事而已。他虽然没有发表过演讲，但是对柯布西耶的艺术平衡感起着轨道修正般的作用。也有研究者认为图纸真正的作者是皮埃尔而非柯布西耶。在我看来，在以这种共同工作室为对象时，"这是谁的工作""那是谁的责任""分配任务的是谁""谁来踩刹车""谁来驾驶"……这类的问题，只要是两个同行业的人在进行创作活动，就很难分清楚谁才是真正的作者。

从二人的书信中，或许对二人的关系可见一斑。1961年5月，柯布西耶给皮埃尔·让纳雷的信中写道："你深沉内敛，喜怒不形于色，且心细如发，作为同僚真是最棒的人选了。"1941年12月29日，皮埃尔的信中则写道："亲爱的柯布，其他姑且不论，对我而言，你是建筑学伟大的第一人，更准确地说，是近代美学完美的探求者。"

勒·柯布西耶·让纳雷的工作室从不在作品上写下设计者的名字。我所知的唯一一例外就是"路易丝-凯瑟琳号"——屋顶花园船头部分的平板束带层上贴着"勒·柯布西耶、皮埃尔·让纳雷、建筑师"的字样。勒·柯布西耶的名字排在皮埃尔·让纳雷的前面（※图3-10）。勒·柯布西耶在和马雷（Mallet）校长的会谈中曾提到过自己从不在作品上留名字，可能是忘记了"路易丝-凯瑟琳号"吧。毕竟当时柯布西耶在阿斯特（Astor）大街开设的钢筋混凝土公司已经破产，兄弟二人必须要获得更多的项目委托才行。

勒·柯布西耶究竟是如何做到可以出入于狂热年代的巴黎社交界的呢？其中一个线索就是1908年，与在洛桑出生的瑞士人格拉塞的邂逅。格拉塞当时正流连于各大沙龙，也正是他建议了柯布西耶与佩雷兄弟见面。但是，佩雷兄弟并不算是巴黎沙龙界的常客。虽说还有奥赞芳在，但柯布西耶是在1917年移居巴黎之后才遇见他的。1916年，有名的女装设计师保罗·普瓦雷委托柯布西耶设计住宅。

第一次来巴黎的时候，年轻的柯布西耶住在爱库尔街（Les Ecoles）9号的"奥利安酒店"（Olian Hotel），之后搬到圣米歇尔河岸，被巴黎圣母院的景色激发了胸中的创作激情等原委已在前文有所表述。最后他选择了经常有常客出入、热闹非凡的娜塔莉·巴尼的沙龙所在的

※ 图 3-9

皮埃尔（左）与柯布西耶·

雅各布大街20号作为自己的住处。做出这个选择应该并非偶然，就这样，勒·柯布西耶的世界和娜塔莉的世界有了交集。阿斯特大街的事务所和第八区的格雷菲勒（Greffulhe）伯爵夫人邸选择了同样的地址，这也很难说是偶然所致。

勒·柯布西耶所在的公寓是复折式屋顶，他就住在南向的阁楼里。北面则有很舒服的中庭，两棵漂亮的菩提树温柔地将枝叶覆在外墙上。这个平坦地连接了两个不同高度地方的工作室，却没有被记录在任何作品集中。柯布西耶就是在这里度过了17年的时光。我坚信对于他的职业生涯而言，雅各布大街的公寓是具有战略意义的场所。这里有很多出版社、画廊、美术学校，也就是说，柯布西耶希望从事的职业——画家会经常往来于此，老实如"羊"的建筑师们也在这里聚集。雅各布大街20号在5年的时间里不仅是柯布西耶绘画和设计建筑的工作室，同时也是撰写论文、宣言、书籍的书斋。和堂弟皮埃尔·让纳雷将工作室搬到塞夫尔大街后，雅各布大街20号就变成了单纯的绘画和写作的地方。1937年，柯布西耶迁至布洛涅-比扬古市居住。

温纳莱塔从《新精神》第一期（1920—1925年）起就是这本杂志忠实的读者（※图3-11）。对革新充满旺盛好奇心的公爵夫人，不可能不赞同立体主义的主张。她厌倦了第六区的住宅和威尼斯的旅行，1926年考虑在布洛涅或讷伊新建一座别墅时，委托了勒·柯布西耶作为设

计师。这对于雅各布大
街的小小工作室来说可
是一件大事。在此之前
柯布西耶所设计的只有
自家、奥赞芳、朋友们
的住宅和波尔图近郊的
两个工人住宅区而已，
对他来说，来自公爵夫
人的委托可谓是被社会
认可的敲门砖。虽然柯
布西耶之前也有设计一

※ 图 3-11
《新精神》杂志
©FLC-ADAGP

些宣言性质的建筑物来为《新精神》和自己张目，但这次如同音乐
女神为他打开了通往成功的大门一般。虽然项目最终搁
浅，但我们仍可以找到妇人用、未婚女性用和男性用的
三间卧室的设计草图。由于温纳莱塔公爵夫
人当时正在守寡，可以推测寝室应该分别属于和她住在
一起的侄女黛西·费洛斯（Daisy Fellowes）以及外甥
埃德蒙·德·波利尼亚克小公爵（※图3-12）。

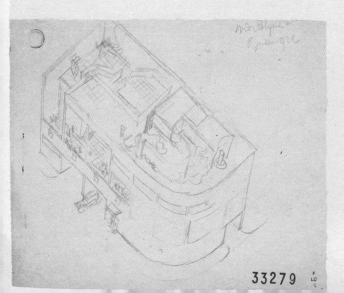

※ 图 3-12
温纳莱塔·桑热－波利尼亚克
公爵夫人邸项目草图
©FLC-ADAGP

这个项目为何未能实现就夭折了呢。也许对于温纳莱塔而言，仅因对建筑的一腔热情就抛弃原来建在各色工作室、沙龙和剧场之上的公寓，这个代价太大了吧。而勒·柯布西耶在展示了别墅设计图纸的4天后，就因公爵夫人的推荐被救世军邀请去全权负责他们的建设项目。

另一方面，柯布西耶的哥哥阿尔贝来到了法国，这使得他与温纳莱塔的联系更加紧密。阿尔贝是一位作曲家，之前一直住在柏林，柯布西耶在圣乐学校（Schola Cantorum）找到了一份工作，就邀他前来巴黎（※图3-13）。圣乐学校的创立者不是别人，正是公爵夫人沙龙的常客樊尚·丹第。于是阿尔贝和皮埃尔·让纳雷两人就在雅各布街20号住下，每天低下头就可以看见楼下中庭那棵枝繁叶茂的菩提树。

拥有画家、作家、诗人、建筑师等多个头衔的勒·柯布西耶，总是保持着严谨的仪容。费尔南·莱热（Fernand Léger）[*4] 曾这样表达在蒙帕纳斯街区著名的圆亭咖啡馆（La Rotonde）第一次见到柯布西耶时的感受："我看见一个刚硬的物体向我这边靠近。像皮影戏一样，头顶常礼帽，戴着眼镜，披着牧师的斗篷，那个物体严格遵循着透视法的原则，骑着自行车缓缓地前进着。"

总是一副严肃装扮的柯布西耶，在娱乐方面却是一把好手。1922年，在圣米歇尔大街和蒙帕纳斯街交口的"布利埃舞场"（Bal Bullier）举办的变装晚会中，柯布西耶和桑德拉尔（Cendrars）、基斯灵（Kisling）、莱热、里普希茨（Lipchitz）、曼-雷（Man Ray）、奥赞芳、毕加索、毕卡比亚（Piccabia）、斯特拉文斯基、查拉、扎德金（Zadkine）等人一起承担了晚会的主持工作（※图3-14）。他变装后的照片有两张留存了——一张是1928年的国际现代建筑协会

*4 费尔南·莱热（1881—1955），法国画家，和毕加索一起作为立体主义画家被熟知，留下的作品涉及范围广泛，包括版画和陶艺、舞台装置、电影等。

Suite brève
pour
violon et piano
Albert jeanneret

HENRY LEMOINE & Cie
PARIS . BRUXELLES

00116

（CIAM）[5]第一次会议时，他在瑞士晚会的一角头戴插着羽毛的军帽，手里拿着古怪的乐团大鼓（※图3-15）；另一张则是在伊斯坦布尔拍摄的。勒·柯布西耶热衷于组织一些可以支持自己的活动，以及同时可以围绕理念、思想进行辩论的运动、协会或团体。"CIAM"就是一个例子：在统一建筑原则这方面，他展示了用自己的方式发展理论并归纳总结的能力。这个协会一直存续了30年，并在1933年第四次国际会议上提出了"雅典宪章"[6]。

那么，柯布西耶与异性的关系又是怎样的呢？首先是相伴一生的缪斯——伊冯娜·加利。柯布西耶在1922年与她相识，1930年步入婚姻殿堂。伊冯娜是摩纳哥一个花店家的女儿，说一口悦耳的法国南部方言。保罗·普瓦雷的妹妹热尔梅娜·邦加尔（Germaine Bongard）在巴黎彭提维（Penthièvre）大街开了一家十分气派的时装店，伊冯娜就在那里担任模特的工作。爱称"冯冯"的她既是柯布西耶的人生伴侣，也是他闯荡社会的路标和证人。1926年，通过奥赞芳的关系，在还未被人为加工的美丽的阿尔卡雄湾皮克（Piquey sur le bassin d'Arcachon），伊冯娜教会了柯布西耶游泳（※图3-16）。

从这天起，对勒·柯布西耶来说，沐浴水流就等同于重获新生。他在1918年到1936年间频繁造访阿尔卡雄湾，并钟情于皮克的"尚特克勒酒店"（Chantecler

※ 图3-15
CIAM 第一次会议时的变装：
©FLC-ADAGP

[5] 由建筑师组成以城市和建筑的将来为议题的国际会议，在现代主义发展的背景下发挥了重大作用。从 1928 年至 1959 年共举办了 11 次。
[6] 在现代建筑运动中，在以"功能城市"为议题的 1933 年举办的国际现代建筑协会（CIAM）中采纳的有关城市规范和建筑的理念，提出了现代建筑应有的姿态。

Hotel）。以谷克多、拉迪盖（Radiguet）为首，许多作家都是这里的常客。**柯布西耶在这里观察贝壳、船的绳结、沙子的纹路，将其画成素描并拍成照片。在雷日‐费雷角（Lège-Cap-Ferret），他结识了石材加工厂的老板弗吕日，因为这份关系，1924年在费雷角建造了6处员工住宅，也设计了巴斯克（basque）地区回力球赛所需的墙体和场地。此外，佩萨克集合住宅（la cité de** Pessac）的设计委托人也是弗吕日。

然而，由于伊冯娜对故乡的岩石和山脉一往情深，二人还是决定在地中海的海滩边寻找住所。就这样，夫妇俩最后在罗科布吕讷马丁角（Roquebrune-Cap-Martin）[*7]的艾琳·格雷家[*8]住下。1937年，和平时一样在罗科布吕讷游泳的勒·柯布西耶遭受了一场威胁生命的事故。大腿被摩托艇的螺旋桨硬生生削掉一块，小腿肚也被切到，手腕和头部均有受伤。在圣特罗佩（Saint-Tropez）的医院接受治疗后，自称是"长达两米的螺旋状的伤口"（※图3-17）。1965年8月27日星期五上午，柯布西耶也是在游泳中突然身亡。

伊冯娜并不是柯布西耶生命中唯一的女性。在从波尔图开往里约热内卢的豪华客轮上，柯布西耶和约瑟芬·贝克（Joséphine Baker）[*9]之间发生了什么呢？难道在客房里住下真的只是为了给赤裸的约瑟芬画一幅画像吗？不仅如此，柯布西耶还和1935年在美国旅行时结识的编辑玛格丽特·哈里斯（Marguerite Tjader Harris）保持着亲密的关系。然而最为重要的女性，还要数在雅各布大街认识的艾琳·格雷——她是经常参加娜塔莉·巴尼沙龙的画家罗梅尼·布鲁克斯的恋人。

两位让纳雷在法国国内出品的作品，在世界眼中蒙着

*7 尼斯近郊的市镇，作为旅游胜地被熟知。
*8 指格雷和艾夫让·伯多维奇设计的《E1027》。
*9 美国爵士歌手和女演员，被称作"黑色维纳斯"。

一圈耀眼的光环。在德国，以"包豪斯运动"为核心，现代建筑师们纷纷集结。他们中的大多数都是因为纳粹的上台而逃亡到美国，这是美国建筑界的幸运。斯图加特的白院聚落开始建设的时候，22个建筑作品全部交给当时沃尔特·格罗皮乌斯召集的年轻建筑师们。其中由密斯·凡·德·罗设计区块总图并进行总体规划。除了从德国全国召集来的建筑师们还从国外选出了4位建筑师——勒·柯布西耶和皮埃尔·让纳雷就是其中的两位。

塞夫尔大街35号工作室所设计的作品（包括未建成的部分）都被收录到二人合著的《新建筑五点》中。这本书用德语写成，包含了从1916年保罗·普瓦雷住宅到1964年威尼斯医院的所有建筑研究，可谓是将"多米诺体系"理论化的著作。

除了"救世军"项目之外，二人的工作室设计建造的重要作品如下：留学生宿舍、巴黎国际大学城瑞士馆、布洛涅的露台公寓式住宅（柯布西耶夫妇的住所）、莫斯科合作社的中央事务所。但另一方面，在莫斯科的"国民社会馆"和"苏维埃联邦馆"的竞标中却以失败告终。这些事使得学院派的胜利得到认可的同时，也引发了反对现代主义的争论。虽然从结果上来说是一样的，但就像勒·柯布西耶在自己著作里写的那样，这是他苦难的源头。

「路易丝－凯瑟琳号」的契机

在这个故事中，"路易丝-凯瑟琳号"又在讲述着什么呢？"路易丝-凯瑟琳号"本是和萨伏伊别墅类似的项目，但直到今天，都仿佛被集惊叹和赞赏于一身的萨伏伊别墅的光芒所掩盖。萨伏伊别墅是保险工作者萨伏伊夫妇委托设计的中产阶级的建筑，乍一看去似乎和"Asile Flottant"（漂浮的庇护所）没有任何关系，但其实一切都紧密相连（※图3-18）。

20世纪60年代，萨伏伊别墅处于十分悲惨的状态，按照计划，解体之后材料将投入到普瓦西高中（今天的勒·柯布西耶高中）的建设中。那时我第一次去现场，只能通过坏掉的栅板之间的间隙前进，状况十分危险。混凝土的表面长满了霉，别墅的外装修也全部破烂不堪。留在那里的仅仅是建筑的灵魂，一种只有在有所诉求的场所才能感受到的独特氛围。那宏大展开的风景也未改变。从那以后，树木茂密地生长，景色变得郁郁葱葱，原来可以极目远眺的地平线也隐藏在了绿色之中。

位于塞夫尔大街35号的工作室，用柯布西耶自己的话来说，兼具居住和"潜心研究的场所"两重功能。他的研究成果以13个理论性考察的形式展示出来。最先完成的是"多米诺体系"以及其他一些关于城市改造的研究。作为本书对象的漂浮在水上的建造物，可以看作"庇护所住宅区"计划一环中一种先锋式的探索。这个集合住宅是1922年到1925年期间柯布西耶他们研究的花园住居式公寓的集合体，同时也参考了基于傅立叶社会主义理论的生活共同体和客船的方案。1924年，其他的研究出现了曙光。在为匠人设计的联排集合住宅区中，没有隔墙和门的自由墙面保证了最大限度的采光；屋顶构造等倾斜的部分没有进行覆盖，而是暴露出来，从而削减了建造成本。1925年的大学城计划中，在屋顶配置花园、阁楼和贯穿式长走廊的出现，则更加完善了这一研究。

从柯布西耶的各个作品中，都能捕捉到他思想的轨迹。1923年奥赞芳的工作室住宅也是其中一例。二人共同撰写《立体主义之后》，甚至建造宣言性质的建筑物也应该是同样的原因。他们使用正方形、圆形、三角形等基本的形状构成可以调整的空间，清水混凝土则成为纯粹主义和先锋派中美的代名词。反过来看，我觉得首先应该考虑"路易丝－凯瑟琳号"与以"萨伏伊别墅"之名为人所知的"光明公寓"的构想，以及与如今成为勒·柯布西耶基金会总部的"拉·罗什住宅"之间的相似性。

"萨伏伊别墅"虽然是在平底船"路易丝-凯瑟琳号"之前设计的建筑，但二者的施工却几乎同时进行。颜色的选择也十分相似，这在2014年春天玛丽-奥迪勒·于贝尔（Marie-Odile Hubert）的色彩研究发表上得到了证明。从理论的角度来看，"拉·罗什住宅"要更加值得玩味。两个项目的委托人有着完全相反的社会地位，巴塞尔出身的富裕银行家拉乌尔·拉·罗什（Raoul La Roche）既是一名收藏家，同时也是一位在巴黎的瑞士人圈子中有着巨大影响力的人物。相反，阿尔班·佩龙则秉持人道的使命，要求建造能够收容尽可能多"客

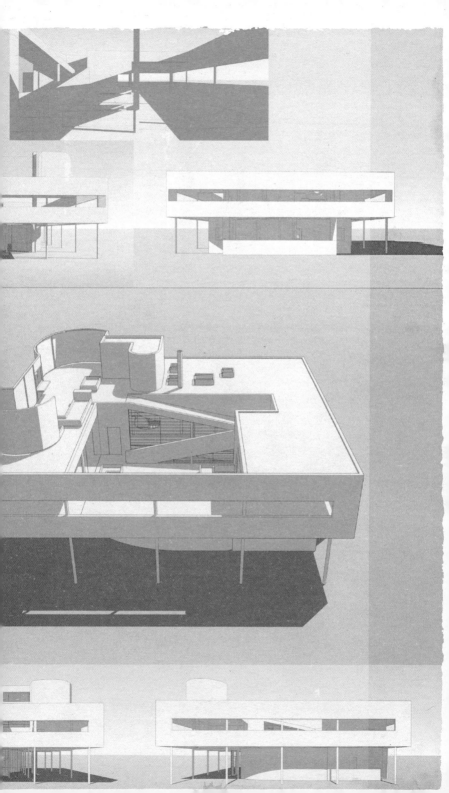

※ 图 3-19
查尔斯·德·贝斯特古的
屋顶聚会会场

人"的空间。颜色的使用具有一贯性（用青、绿、土黄色、褐色为混凝土赋予附加价值），"拉·罗什住宅"中通过推敲留白等建筑师的手法让涂漆的颜色更加鲜活。"路易丝-凯瑟琳号"则要满足密集的收容人员的需要。这两个建筑都起源于内部空间的扩张，有着令人感动的力量。

1928年，在塞夫尔大街进行着三个项目的研究。首先是普瓦西的欧仁妮和皮埃尔·萨伏伊夫妇的住宅"光明公寓"，然后是塞纳河拉·拉佩（la Rapée）停靠处上漂浮的救世军平底船的改造工作，最后一个则是小说家路易丝·德·维尔莫兰（Louise de Vilmorin）和娜塔莉·巴尼的朋友——法国贵族查尔斯·德·贝斯特古（Charles de Beistegui）委托的，作为聚会场所的、位于香榭丽舍大街和巴尔扎克（Balzac）大街角落的屋顶建造物。这个屋顶建筑非常值得一提——巨大的眺望玻璃窗、电动的智能滑动隔墙、有声电影的投影仪、用植物遮掩的墙体，能够一览巴黎各种美妙屋顶的同时，还设有作为私密空间的三个空中花园和日光浴室，在此之上最为登峰造极的要数那台能够将"大城市巴黎"映射在水平桌面上的潜望镜了（※图3-19）。

就像这样，不断进行各种各样的推敲，便是塞夫尔大街35号的日常工作。既为最富裕的人设计建筑，也为大众和最贫困的人呕心沥血。考虑到"漂浮的庇护所"中进行的调和，就仿佛电影制片人乔治·梅里爱（Georges Meliés）那样，在当时刚诞生不久的有声电影里发挥了近乎魔术般的技巧。

「路易丝－凯瑟琳号」，纠缠的命运

鲁昂港码头的角落里被弃置的钢筋混凝土平底船，外观十分悲惨，地板因风化而毁坏，经年的雨水聚积在船底。就在这时，两位缪斯降临到了它的身旁。

一位是1927年5月12日于纳伊去世的路易丝－凯瑟琳·布雷斯劳的遗产继承者马德莱娜·齐尔哈特（※图3-20）。怀着对已故爱人强烈的爱与思念，她致力于推进对布雷斯劳作品的重新评价。1928年12月，马德莱娜在圣旺（Saint Quen）的跳蚤市场以几乎免费的价格购入了一张素描草图。她的慧眼告诉她，这张仿佛在逝去爱人的指引下来到自己面前的素描，实际上是一幅价值很高的作品，便以1500法郎的价格转卖给了画商。这里引用布朗谢·佩龙评价救世方舟之母马德莱娜的话："直到现在，她在我脑海里依然挥之不去——那刻满了深深苦恼的容颜，过早生出的白发，还有至今萦绕耳畔的那满含慈悲的话语。'请听我说。我是一名画家，经历过人生各种各样的苦难，从来没有享受过富裕的生活，也因此有过许多痛苦的回忆。但现在已经……最近忽然获得了一大笔预料之外的财产，我希望为流浪者们使用这笔金钱，为此今天专程来拜访您。'那是一次漫长的交谈。她讲述了自身种种，作为人生喜悦的深厚友情，那份友情也被死亡所拆散。在那之后，又回到流浪者的话题时，'有一艘被废弃的拖船，您有兴趣考虑一下么？'

※图3-20　路易丝－凯瑟琳笔下的马德莱娜·齐尔哈特像

我这样向她说道。"

　　也许马德莱娜想起了装饰艺术与现代工业国际博览会上塞纳河上普瓦雷的那艘气派游船吧。就这样，马德莱娜和布朗谢找到了在鲁昂港旁边被弃置贩卖的"列日号"。马德莱娜提出，这艘船要以自己已故爱人的名字命名。于是"路易丝－凯瑟琳"的名字就被写在了船舵系统的盖子上。

　　同样是1928年，马德莱娜收集了路易丝-凯瑟琳的195幅作品，在巴黎美术学院举办了纪念展览会。1930年，向第戎美术馆捐赠了30幅画作。1932年完成了《路易丝-凯瑟琳·布雷斯劳和她的朋友们》（*Louise-Catherine Breslau et ses amis*）一书，并通过Politics出版社（Éditions du Portique）出版（※图3-21）。

　　另一位女神就是上文多次提到的温纳莱塔公爵夫人。她亲眼见证了德彪西、福雷、萨蒂以及赞助过的多位艺术家的离世。到了1914年，通过沙龙确立了自己贵族阶级艺术庇护者身份的温纳莱塔开始考虑设立一个以慈善事业为目的的基金会。她在战前就已经资助过福利住宅的建设，希望此后将这个目标永远坚持下去。温纳莱塔的辩护律师普安卡雷（Poincaré）[*10]在成为法国总统之前也曾为桑热-波利尼亚克基金会的建立出力，最终，基金会于1928年3月25日正式设立。回到不久前的1926年，温纳莱塔曾委托勒·柯布西耶和皮埃尔·让纳雷负责"波利尼亚克住宅"的设计与施工。原计划在布洛涅-比扬古动工，但时至今日，就只有基地图和首层的基本图纸留存了下来。和桑热-波利尼亚克自宅一样，公爵夫人提出了汽车能够通过屋檐下方直接开到玄关门口的要求。位于塞纳河畔讷伊的住宅则采用了更加细致的设

*10 普安卡雷（1860—1934），法国第三共和国的政治家、辩论家。曾经担任总理和总统。

计，为下一个项目"萨伏伊住宅"做下了铺垫。应公爵夫人的要求，柯布西耶在提交讷伊图纸的4天之后，就从救世军那里接到了第十三区哥德利埃大街29号"人民馆"（Palais du Peuple）的设计委托。温纳莱塔出资赞助了救世军从"漂浮的庇护所"到"庇护所住宅区"的所有项目。

当时年仅15岁的埃德蒙·德·波利尼亚克曾留下这样一段感人的证言："有一天，加尔珀里纳（忠诚的女佣）来到维妮姑母面前，说道：'夫人，有人求见。'姑母对我说'去吧'，我就唱着歌走下楼梯，向休息室走去，看见一位穿得像马戏团团长一样奇特的男人，不禁吃了一惊。那人就是身着救世军将校制服的阿尔班·佩龙，他交了给我一个信封。过了一会儿，这个男人又来拜访，姑母就给了我一个信封，告诫道：'好好看着他。'我就下楼把信封交了过去，结果惊奇的一幕出现了，他打开信封，仰面朝天倒了下去。"信封中的面额180万法郎的支票让佩龙将军也惊讶得晕了过去。

为了募集"漂浮的庇护所"的修缮援助金，公爵夫人在巴黎普蕾亚音乐厅（la salle Pleyel）举办了演奏会。令人惊叹的魔法指挥棒引发了奇迹——残破的拖船变成了宫殿，鞋子变成了住所。

开始推敲"路易丝－凯瑟琳号"改建方案的时候，即使是已经通过实践对"新建筑五点"抱有无穷信心的塞夫尔大街35号事务所，关于如何具体应用也有不确定的地方，于是选择了与1927年改造"丘奇（Church）住宅"时定义的"在现有建筑基础上建造"的概念相近的方法。勒·柯布西耶－皮埃尔·让纳雷建筑事务所从未做过建筑的改建工作，加建项目也很少，"丘奇住宅"恰好是其中一例。

塞夫尔大街35号的工作室在10年中进行过无数项目的

※ 图3-22
停靠在奥斯特里茨桥下右岸处的
"路易丝－凯瑟琳号"：
©FLC-ADAGP

推敲，52个项目中实际建成的仅有21个，有7个项目仅在一次会晤后便无疾而终。但工作室中进行的"为匠人设计的家"或"面向学生的大学城"等许多理论研究都为"路易丝-凯瑟琳号"的改建工作提供了参考。

虽然实际建成的项目很少，但勒·柯布西耶－皮埃尔·让纳雷建筑事务所仍然向国外放射着夺目的光芒——1928年在马德里，1929年在布宜诺斯艾利斯举行了演讲，在柏林和莫斯科也有项目建成。有"大型客轮"绰号的柯布西耶，定居于巴黎，梦想着建造一艘能横穿大西洋的客轮。就在这样的背景中，"路易丝－凯瑟琳号"的改建工作开始了。

值得惊讶的是，勒·柯布西耶将改建施工现场定在奥斯特里茨桥下。就在今天的干线道路所在的右岸，如今停靠场所的正对面。桥拱的圆顶承担了保护船体的屋顶的作用（※图3-22）。

限制条件共有三条。首先是作为建筑师对自己设下的要求，其次是河道管理局的规定，最后是平底船构造上的限制。勒·柯布西耶试图从这些限制中创造出独有的优势。纵骨的"个人物品整理棚"成为庇护船的骨架，通风则通过高处的部分完成。时值盛夏，在寒冬到来之

前必须做好收容的准备。勒·柯布西耶在作品全集中如
此写道：

"1929年，救世军购入了一艘原定于战时使用的钢筋混
凝土制拖船。

船长70米，经河川航行管理局认可，将从船底到船体最
高点分为三个部分，创造一个巨大的完整空间。船中包括
160个床位、食堂、厨房、厕所、洗漱间、淋浴、船员房
间和船长房间，船的顶部设有空中花园。

冬天停靠在卢浮宫前，收容那些因寒冷无法待在桥下的
流浪者。夏天则停靠在巴黎近郊，作为孩子们的林间学校
使用。"

救世军按照柯布西耶的提案决定了最终方案——128
个床位、容纳36人的食堂、厨房、厕所、负责人和船员
的2个房间。在酷寒的严冬，这艘船成为无家可归的人
的归处。最初的停靠处是巴黎艺术桥（Palais des Arts）
和巴黎新桥之间的右岸。夏天的一段时间，这里会变成
贫苦孩子们的度假胜地，这时船就会停靠在左岸。

《勒·柯布西耶全集》中，有关"漂浮的庇护所"的记
载非常少。"在现存建筑基础上建造"这一点并不能体
现两位建筑师花费的心血。这个概念在救世军的3个建
筑都有所体现，从康塔格雷尔（Cantagrel）的"庇护所
住宅区"开始构思，一直贯穿到"沐浴阳光的住宅区"。
"漂浮的庇护所"计划被收录在《全集》中第2卷的开
头部分，正是柯布西耶放弃纯粹主义，与奥赞芳分道扬
镳之时——双方信中互相谩骂的话语表明了冲突的剧烈
程度。

从改修现场的图纸原件和笔记上来看，皮埃尔·让纳雷
和勒·柯布西耶留下的关于建筑的种种教诲中，我注意到
这艘船似乎具备某个重要的因素——两个人在这里有效地
实践了"新建筑五点"。让我们来仔细观察一下。

1. **底层架空。** 底层架空联系着这艘平底船的骨架和整体的结构，是体现空间分割、支撑采光和屋顶的决定性因素。架空层的84根混凝土柱排列整齐，可以和科尔多瓦主教堂（la cathédrale de Cordoue）以及突尼斯的凯鲁安清真寺（la mosquée de Kairouan）相匹敌，可谓圆柱的抒情交响曲。

2. **自由平面。** 虽然有分割3个分区的防水墙，但因为有贯通船头船尾的开口部分，可以一眼看到船的全貌。架空的柱子代替隔墙分隔空间，2根圆柱之间最多可以摆放4个床位。通过柱子区分的空间为公共宿舍和食堂，根据现代的利用方法，可以作为会议室、音乐工作室、剧场、舞厅、研究室或创作工作室使用。

3. **自由立面。** 立面的自由度在上方高处的空间有所降低。船体基本保持统一，唯有厕所采用了圆窗。从最开始速写的时候起，"路易丝-凯瑟琳号"就架起了两道长长的栈桥，在水上漂浮着。但是因为实用方面的原因，船被拉近，紧靠河岸停泊。而当船的功能从运输变成居住之后，船就又回到了远离河岸的状态。勒·柯布西耶在此充分利用了钢筋混凝土船的坚固和轻盈。

4. **横向长窗。** 横向长窗带来了最合适的亮度和舒适的日照，由3个普通窗组合起来的一共16.5米长的横长窗，在左右两侧各放置了三个（共六个），通过将同样的形式进行反复来强调其中的秩序。窗框用木材制成，封死的窗户与可打开的窗户交替设置，以规避反复产生的单调感。从改装时留下来的原来的窗框只有3个。预制的窗户到了现场需要进行细微的调整，这使得安装的时候出现了一些麻烦，但也正是这些许的不规则感给"路易丝-凯瑟琳号"赋予了一种难以言喻的优雅气质。

5. **屋顶花园。** 花园整体上分为三个部分，各部分之间通过两脚的栈桥相连。为了表达对约瑟夫-路易·朗博

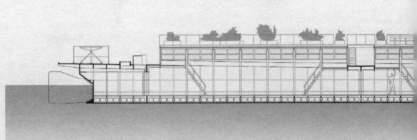

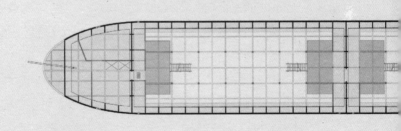

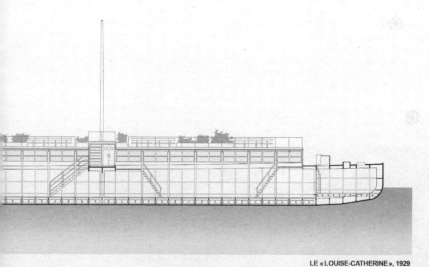

LE «LOUISE-CATHERINE», 1929

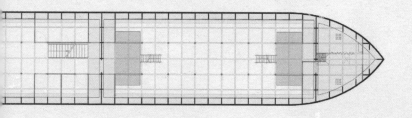

的敬意，船尾的花园中布置了混凝土制的花架和园艺用具。其余的两个花园中，包括楼梯的扶手在内，仅摆放了几个花盆。楼梯的扶手用金属制成，未采用热熔接的方法，而是通过锻造加工而成（※图3-23）。

勒·柯布西耶在考虑船的舒适性时，从故乡拉绍德封得到了启发。为了卫生管理得到保障，设置了必要的淋浴、洗脸池、厕所，此外为了让没有住处的人们也能过得舒适，也没有忘记电器和暖器。船内的建筑结构通过混凝土的框架支撑，架空柱则框出了4个床位和4个整理柜的空间，这便理所当然地成了无家可归者的收纳间。滑动式的门也可以对船舷侧造成的细微误差进行修正。正如书中和解释理论的草图画的那样，勒·柯布西耶设置了阁楼。这样既可以增加庇护所的收容床位，也使得公共宿舍的顶棚不至于过高，控制在一个对人来说较为舒适的尺度。

我们在购买"路易丝－凯瑟琳号"的时候，绘制了整艘船的详细图纸。我们惊奇地发现，1950年出版的《模度》（Modulor）[11]中的标准尺与1929年的"漂浮的庇护所"方案完全一致。勒·柯布西耶以身高6尺（约1.83米）的人举起手的高度2.26米计算出比例（※图3-24）。从这个比例来看，船底的隔板和用防止倾斜的补强材料制成的整理栅正处在标准尺的黄金比例1.13米的位置上。中央阁楼则是2.26米——正是身高1.83米的人举起手的高度。虽然其他阁楼也可以通过连桥运过去，但中央部分是受理前台，要严密按照标准尺想必十分困难。这个黄金比例虽然之前就已发表，但在那时已经投入运用，在所有的项目中出现在和人有关的地方。柯布西耶参考了普罗旺萨尔和格拉塞的著作，计算出了这个比例，但有一点

*11 由柯布西耶设定的人体尺寸和从黄金比例中得出的建造物的基准尺寸所构成的数列。

仍需考虑。1931年，马蒂拉·吉卡（Matila Ghyka）皇
太子出版了一本关于黄金比例的书。这位摩尔达维亚的
皇太子是一名外交官、诗人、历史学家、数学家，一直
在探究将诗与数学相结合。他也是20世纪西欧文学代表
作家马塞尔·普鲁斯特的好友，经常出入雅各布大街20
号娜塔莉·克利福德·巴尼的沙龙，在他的书出版之前，
说不定也与柯布西耶交换过这方面的意见。

　　　　勒·柯布西耶十分注重自然的秩序，他甚至计算过一
枚树叶、一只蜗牛身上的比例，并痴迷于那些纯粹的形
态。青年时期读过的亨利·普罗旺萨尔的《明日的艺术》
（L'Art de demain）奠定了他的这种倾向。他的目标是
参考毕达哥拉斯的三角形定理，观察扶手、喷泉等事物
并进行写生，用全部生涯来追求仅仅一张图纸。用他自
己的话来说，就是"要将绝对与无限，可以辨明的东西
和不能辨明的东西分辨清楚"。

　　"路易丝-凯瑟琳号"的阁楼排列起来，比楼梯窄的梯
子成为被称为"隔间"的空间的轴线。在我们看来，就
像是见到了教会的中殿一样令人惊讶。门和中轴线略微
错开，效果十分惊艳。从甲板走下主楼梯，可以看到两
个隔间、架空柱、整理棚、阁楼和那些梯子。整体变成
了一个"建筑的游步道"，到了公共宿舍时的那种兴奋
感就像到了谁的家中一样。

　　比例、透视、空间利用的序列等，在"路易丝-凯瑟琳
号"上应用的规则都是经历过实际检验的。这艘平底船
仿佛水上的日晷，随季节和时间而移动，从哪一面都可
以引入阳光，从而享受令人赞不绝口的光照。

「漂浮庇护所」的落成仪式

1929年晚秋，"路易丝-凯瑟琳号"被拉向艺术桥下的卢浮停靠处。按照极为重视栈桥品质的柯布西耶的吩咐，船被停靠在离河岸有一段距离的地方。栈桥除了从塞纳河的水流中保证船的稳定，也仿佛让这艘船看上去正在或即将起航。选择停靠处的虽是救世军的负责人，但这里也确实称得上是具有象征意义的场所——卢浮宫内"正方形的中庭"的正面、艺术桥和新桥中间、法兰西学会和造币局庄严的正面玄关的正对面。"漂浮的庇护所"就像是在河岸与亨利四世广场之间漂浮的孤岛一样，在法国皇室的官殿区正中放置一个庇护所，简直是个讽刺。救世军是想在皇家的财宝中将贫穷暴露出来吗？不管怎么说，这个场地的选择还是在理的——这里距离巴黎之胃"巴黎中央市场"很近，那些被从卖场上散落出来的食物残渣吸引的人们可能会成为潜在的"客户"，因为这艘船兼具"餐厅"和"旅馆"的功能。

船的内装材料都按时交货，只有3个"花园露台"的扶手暂时用木制代替。1930年1月15日，船头张起了顶棚。阿尔班和布朗谢·佩龙夫妇身着军服迎接主办人，他们的背后站着勒·柯布西耶和皮埃尔·让纳雷。很多人看到了这些穿着救世军制服的人们，就像是看到了海军的欢迎仪式一样。"人民馆"和"女性馆"的入住者们也被邀请参加了这次仪式。

　　马德莱娜·齐尔哈特的身影也在其中。她站在露台的角落里，穿着严实的黑衣，节制自持却又感慨万分，留下一个苍白的影子。马德莱娜从未画过自画像，她的一生奉献给了绘画，感情倾注给了路易丝-凯瑟琳·布雷斯劳。回想起同样的河岸，可怜的人们只能住在桥下，啃食着冷硬面包的场景，马德莱娜看着他们，就描绘了一艘互相帮助、互相分享的船。她凝视着那艘从鲁昂河底的泥泞中被拉起的古旧平底船，很欣慰柯布西耶和皮埃尔·让纳雷对这艘船的形体保持敬意，对平坦的表面、舵系统、锚的卷轴机等外观抱有足够的尊重。在船中居住和"在地下室居住"十分相似，对于使公共宿舍能充满阳光的横向长窗，她更是充满感叹，十分激赏。

　　温纳莱塔·桑热-波利尼亚克公爵夫人也访问了这个建筑作品。她在《新精神》杂志中曾无数次读到过新建筑五点的建筑原理。在严格应用这个理论的建筑中，她尤其欣赏望向公共宿舍时那庄重的透视效果。厕所和洗脸台的数量和布置的手法也获得了很高评价，这无疑是对柯布西耶与皮埃尔·让纳雷极大的肯定。

　　执行"路易丝-凯瑟琳号"落成仪式的是原大臣、现任救世军福祉活动名誉委员会会长的朱斯坦·戈达尔（Justin Godart），他对这条体积增大、舒适美观的纯白河船表达了自己的赞赏。"路易丝-凯瑟琳号"仿佛是卢浮宫和法兰西学会之间，塞纳河哀伤的水波上浮动的光斑。很快，最先收到邀请函的客人们就带着些许紧张和好奇到访了这个水道、电气、集中供暖、镜子应有尽有的"天国"。这艘象征着团结的船的船长是被称为"提督夫人"的药剂师若尔热特·戈吉比（Georgette Gogibus）。她在前台迎接各位来访者。

　　关于这场落成仪式，媒体进行了跟踪报道。《停靠在塞纳河畔的优雅游船，有能拒绝它的流浪汉吗？》（自由报，12月28日）；《浮动在赛纳河的波光上，温柔摇动着不幸之梦的"路易丝-凯瑟琳号"，救世军在公共慈善事业上又添一笔海上诗歌》（艺术杂志，12月24日）。在12月1日的《小城市》（*Petit Basties*）中，加布里埃尔·奥热（Gabriel Haugé）这样写道："塞纳河岸停靠着各式各样的船——热闹的游乐船、保罗·普瓦雷的船、退休后享受水上生活的有钱人的船……'路易丝-凯瑟琳号'啊，你虽然是穷人们的船，却为人们作出了比其他任何船更多的贡献。"

1930年，意大利建筑师皮尔·路易吉·内尔维（Pier Luigi Nervi）设计了一艘钢筋混凝土制的游艇，也许受了"路易丝-凯瑟琳号"的影响也说不定。

当时墨索里尼正着手在欧洲散播法西斯的威胁。公共自由一天比一天受到限制，诞生了许多救济穷人的组织，新的教育政策也投入实施，鼓励音乐会和演唱会的举办，组织林间学校，计划制造大众使用的汽车，菲亚特汽车制造公司应运而生。1934年，一系列有利于女性的法律被制定出来。墨索里尼为了填埋彭廷斯（Pontins）湿地，建造了新的城市Littoria（今天的拉蒂纳）。当时的许多地产商和建筑师，都因为痴迷于独裁的权力而屈服在"假面的恺撒"墨索里尼的诱惑之下。

1931年，建筑师让·瓦尔特（Jean Walter）的妻子让娜·瓦尔特（Jeanne Walter）创办了《图纸》（*Plans*）杂志，热情赞颂法西斯的成果。勒·柯布西耶和费尔南·莱热的辩护律师菲利普·拉穆尔（Philippe Lamour）也参加了杂志的发刊，柯布西耶本人也曾担任每次的撰稿工作。担任出版商的正是若泽·科尔蒂（José Corti），超现实主义艺术家们的文章也刊载在其中。国家主义和社会主义的原则走到了一起，反法西斯主义成为主流，形成彻底的反希特勒体制。但意大利法西斯是一个典范。那时柯布西耶寄给母亲的信中提到，墨索里尼正在准备"向希特勒示威"。

勒·柯布西耶赞同和平的理念，他渴望的不是武器，而是住房。虽然也曾前往国家最高领导人

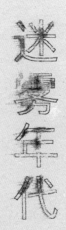

那里寻求支援，但既没有西见莫斯科的斯大林，也没有去罗马求见墨索里尼。归根结底，勒·柯布西耶还是个天生的建筑师，并不适合做其他的事情。夏洛特·贝里安这样说道："勒·柯布西耶不是政治家，如果是为了能让自己的项目成功实行，想必会和恶魔做交易吧。"

勒·柯布西耶也不禁意识到这是场悲剧，他无法无视一些外国同事受到袭击的严重事态。1919年，沃尔特·格罗皮乌斯继任因比利时国籍而被去职的亨利·凡·德·威尔德（Henry van de velde），就任魏玛实用美术学校校长。他和阿道夫·迈耶（Adolf Meyer）、保罗·克利（Paul Klee）共同创建了"包豪斯"。1923年，他们和密斯·凡·德·罗、勒·柯布西耶一起，在魏玛举办了大型艺术展览会。1924年，保守派使得"包豪斯"面临封校的危机。"包豪斯"的拥护者们对这一措施表示强烈反对，其中包括亨德里克·彼得鲁斯·贝尔拉赫（Hendrik Petrus Berlage）、彼得·贝伦斯、马克·夏加尔（Marc Chagall），以及1921年诺贝尔奖获得者阿尔伯特·爱因斯坦。第二年，"包豪斯"不得不离开魏玛，将据点转移到德绍。1930年，"包豪斯"被勒令封校，直到密斯·凡·德·罗被任命为新校长，禁止任何含政治因素的表现后才重新开校。之后纳粹党勒令"包豪斯"封校并迁往柏林，其于1931年解体（※图3-25）。

1928年，由勒·柯布西耶主导的"国际现代建筑协会"第一次会议在瑞士的拉萨拉兹（Lassaraz）举办。会员都是后来活跃在第一线的建筑师——皮埃尔·沙罗、皮埃尔·让纳雷、安德烈·吕尔萨（André Lurçat）、阿内斯·迈耶（Hannes Meyer）、以及后来参加的阿尔瓦·阿尔托。第四次会议于1933年在从马赛前往雅典的船上举行，主题定为"功能城市"。就是在这次航海中，后来被称为《雅典宪

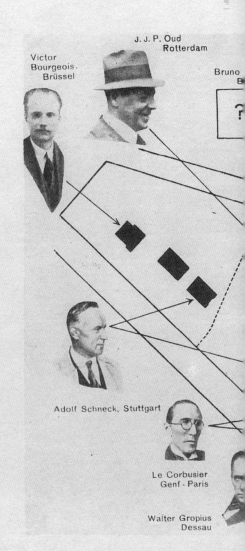

※ 图3-25
在斯图加特分地块建造的
包豪斯建筑师们…
©FLC–ADAGP

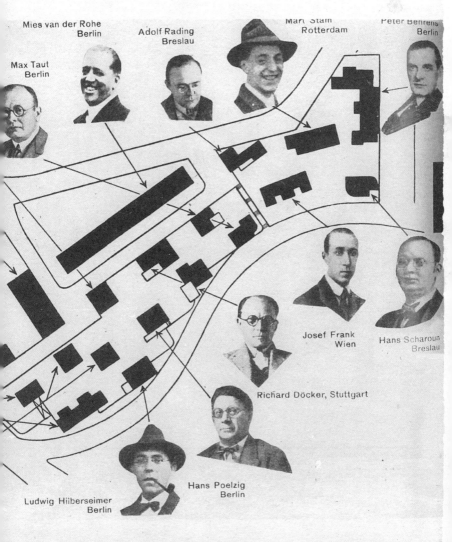

Max Taut
Berlin

Mies van der Rohe
Berlin

Adolf Rading
Breslau

Mart Stam
Rotterdam

Peter Behrens
Berlin

Josef Frank
Wien

Hans Scharoun
Breslau

Richard Döcker, Stuttgart

Hans Poelzig
Berlin

Ludwig Hilberseimer
Berlin

章》的文书被构思出来。在船上虽然提到了"包豪斯"和同伴们的事情，却并未提出支持声明和请愿书。1937年，沃尔特·格罗皮乌斯移居美国，并就任哈佛大学设计研究院（GSD）的院长一职。一年后，密斯·凡·德·罗也走上了同样的道路，就任芝加哥大学建筑学院院长。本应恪守理念、迅速进行动员的欧洲建筑师们，在逃亡地却保持着艰涩的沉默。

1934年，勒·柯布西耶离开巴黎，迁至布洛涅-比扬古的南热塞与科利（Nungesser-et-coli）大街24号居住。画家朋友们的工作室住处曾经就建在那里。伊冯娜对离开第六区感到十分不舍，也很怀念建筑师们饭前聚在一起喝酒的那间咖啡店"双叟咖啡馆"（Les Deux Magots）。柯布西耶虽然对住在自己的建筑作品中有所不安，还是花很大力气搬了家。布洛涅-比扬古这间小住宅的一切都十分经济，但从房间和露台望去的景色十分美妙，就像沿着海岸行进的船一样。令人惊叹的是，画家勒·柯布西耶的工作室就连石制的边墙都保存了下来！从当时的照片中，可以分辨出几个物品。阿尔瓦·阿尔托的壶，雅克·里普希茨的雕像（柯布西耶在稍远一点的地方为其建造了工作室兼住宅）。其他还有为装饰架子而构思的收藏物——在那里放着的蟹壳和后来的朗香教堂的屋顶形状十分相似。

第二年秋天，勒·柯布西耶参加了纽约现代艺术博物馆（MOMA）筹办的美国之旅，其中包括在哥伦比亚大学、维思太学、耶鲁大学、普林斯顿大学、费城大学、麻省理工学院、哈佛大学等美国东海岸一流大学的演讲和MOMA的展览会。旅行本身圆满结束了，但勒·柯布西耶本来期待能够接到更多的委托，然而不仅没有委托，还要进行免费的演讲，这使他十分恼火。

勒·柯布西耶和他那个年代的人们经常被提到性格顽

固、喜欢打断别人的话、容易发脾气。但是就像和阿尔班·佩龙相处时表现出来的那样，他也有温和而细心的一面。1935年，佩龙委托柯布西耶在拉帕尔米雷马泰（La Palmyre Les Mathes）为女儿设计避暑别墅"赛科斯（Sextant）住宅"（※图3-26）。**由于预算十分紧张，因此通过使用现场的石材和木材来节约经费，并寻找本地的承包商。勒·柯布西耶无法亲身前往施工现场，只能通过书信来指挥。根据佩龙夫人的回忆，柯布西耶是一位能够尊重顾客意见、兼具幽默感和超凡想象力的建筑师。**兴趣广泛、对各种事情都很关心的柯布西耶，在1936年计划并设计了面向大众的汽车"Minimum Car"——将Simca 5与雪铁龙2CV进行折中构思而成。

1937年，"新时代馆"（Temps nouveaux）最终惊险地入展国际展览会。此前的三个项目全部被拒之门外，这让柯布西耶和皮埃尔·让纳雷十分愤慨，甚至认为这个展览会根本不曾考虑住宅和现代的城市计划。最终作出补偿的是莱昂·布卢姆（Léon Blum）。二人署名的"新时代馆"的功绩使柯布西耶终于获得了之前无数

※图3-26
拉帕尔米雷马泰的
「赛科斯住宅」：

次被拒绝授予的法国荣誉军团勋章[*12]。

同一时期，勒·柯布西耶也正在进行犹太城的共产党国会议员、同时也是《人道报》总编的保罗·瓦扬-库蒂里耶（Paul Vaillant-Couturier）的纪念碑设计工作（※图3-27）。原计划沿犹太城的国道7号线建造，却因为是通往巴黎入口的街道，费用过于高昂，最终不得不终止。这是建筑师勒·柯布西耶首次挑战雕刻的项目。造型为混凝土制的打开的书本外形，以及从墙壁中伸出的巨大手掌。大大展开的书本和手掌通过将铜箔在木模具中铸造而成，张开的手掌统领着整个雕塑。这个标志后来被再现于印度昌迪加尔的街道上。

勒·柯布西耶夫妇与艾琳·格雷和让·伯多维奇（Jean Badovici）[*13]缔结了终生的友谊。艾琳比柯布西耶年长11岁，比爱人伯多维奇年长17岁。伯多维奇是出生于布加勒斯特（Bucarest）的建筑师，朱利安·加代（Julien Guadet）的学生。1926年，他和艾琳在罗科布吕讷马丁角建造了一栋别墅，名为"E.1027"，意思是：E——艾琳（Eileen）、10——英文字母第10位[让（Jean）的J]、2——英文字母第2位[伯多维奇（Badovici）的B]、7——英文字母第7位[格雷（Gray）的G]。伯多维奇同时也是《法国建筑》（L'Architecture en France）杂志的总编、柯布西耶理论的热烈支持者，在1930年出版了关于"路易丝-凯瑟琳号"的报告文学。

"E.1027住宅"是艾琳设计的小住宅，建在坡度很陡的地面上。底层架空的结构形式让人不禁想到是受了柯布西耶事务所的影响。从过道的窗户可以看到摩纳哥

※图3-27　在犹太城计划设计的保罗·瓦扬－库蒂里耶纪念碑方案：

©FLC–ADAGP

*12 由拿破仑一世制定的奖励制度，法国的最高勋章。其他等级由高到低分别是"大十字勋位""大军官勋位""高等骑士勋位""军官勋位""骑士勋位"。
*13 让·伯多维奇（1893—1956），批评家，1930年归化法国。杂志《活着的建筑》的发行者。1920年与柯布西耶和艾琳·格普会面，在韦兹莱和莫伯日设计并建造个人住宅。

湾令人窒息的美景。柯布西耶和伊冯娜经常被邀请到这里度假。1938年，柯布西耶在艾琳美丽的白墙上乱写乱画，让艾琳和让火冒三丈。也难怪他们会生气，巨大的墙壁是"包豪斯"样式，一层的结构墙上也有模仿毕加索风格的女同性恋画作，这也是柯布西耶的作品。这时，冯冯拍下了全身赤裸涂鸦的柯布西耶的照片，能看到大腿上螺旋桨留下的螺旋状的伤疤。后来，艾琳离开了这个家，将它留给了伯多维奇，自己搬到了芒通（Menton）。她离开"E.1027"，很多人都觉得是因为柯布西耶的涂鸦，但我认为通往住宅那条破破烂烂的道路才是主要原因。**勒·柯布西耶在那之后也经常造访这栋住宅，在墙上作画并留下日期。其中一幅画上标有39、49、62的年号，表明了作品没有完结。**

瓦解

公布宣战的前一天，帕里斯·桑热在纳伊的美国医院去世。桑热-波利尼亚克公爵夫人将弟弟的遗体运往英国的托基镇（Torquay）——那里是桑热家的故乡，也是留有弟弟帕里斯设计的宅邸的领地。公爵夫人决心就这样留在英国，战争爆发后，也做好了短时间无法返回巴黎的准备。**诺曼底登陆作战的半年前，她因心脏病于伦敦去世。葬礼上，莫扎特和巴赫的音乐牵动着送别者的心弦，人们从福雷的《安魂曲》一直唱到了《通往天国》。**

1940年6月11日，勒·柯布西耶和皮埃尔·让纳雷关闭了塞夫尔大街的工作室，皮埃尔还关闭了和让·普鲁韦（Jean Prouve）[*14]、夏洛特·贝里安、乔治·布朗雄（George Blanchon）、皮埃尔·比罗（Pierre Bureau）一起设立的位于拉斯卡兹（Las Cases）大街18号的工作室。夏洛特接受了到日本居住的邀请，直到战争结束都在日本生活。伊冯娜、柯布西耶、皮埃尔·让纳雷带着爱犬Pinceau（法语"画笔"的意思），搬到了比利牛斯山塔布附近的欧棕（Ozon）小镇上居住。先是住在旅馆"小罗宾逊"（Petit Robinson），之后住在通往图卢兹的道路旁的一个农家的空屋中。为什么没有选择瑞士，而

---

*14 让·普鲁韦（1901-1984），法国建筑师、设计师，将工业制品融入建筑的先驱者，担任"蓬皮杜中心"竞赛的审查委员长。

是欧棕镇呢。虽然有希望尽可能远离德国的原因，不过最重要的还是因为博达沙尔神父（l'abbé Bordachar）住在这里——他是从《先锋派》杂志时起的老朋友了。在欧棕镇，柯布西耶专注于写作与绘画。《直角之诗》就是在这段时间构思的，并于1954年出版。12月，皮埃尔·让纳雷离开欧棕镇前往格勒诺布尔（Grenoble），到"建筑事务局"（BCC）就职。支持共产党的皮埃尔-安德烈·马松（Pierre-André Masson）时任事务局的建设科长，员工们和皮埃尔·让纳雷参与了反抗运动。

1940年12月31日，法国成立"建筑师协会"时，采用了教育和艺术部秘书让·扎伊（Jean Zay）构想的方案。这一举措的目的是打破当时建筑界低落沉沦的现状。1939年，12000人被认定为职业建筑师，并成立起组织。这个由拥有"政府承认的称号"（DPLG）的建筑师组成的团体，被赋予了工作上的特权。1940年11月，DPLG协助维希政权[*15]，在这一权力体制下解散，"建筑师协会"迅速诞生。

在那个时代，最著名的建筑师有三位——奥古斯特·佩雷、勒·柯布西耶和让·普鲁韦，而他们三人都没有学位。三人都于"建筑师协会"成立前的几年缴付了工作许可税而被登录在"建筑师协会"中。虽然"建筑师协会"是在维希体制下创立的，但由于法国解放时颁布的敕令，其资格被承认有效。自那之后过了很久，1977年根据新的行政条例，即使没有建筑学位，自学且拥有标准的工作履历的人也可以作为例外被认定为职业建筑师。这一修正法案一般被称为"勒·柯布西耶修正法"。

"建筑师协会"的第一任会长是奥古斯特·佩雷。当时佩雷承诺不让犹太人建筑师的比例超过2%，共济会成员、外国人、反政府人员不得从事建筑行业。1942年，

*15 在德国占领之下的第二次世界大战中的法国政权，据点位于法国维希。

亲近共产党的反抗活动家们聚集起来，成立了"建筑师国民战线"。法国解放时，为了复兴法国而留在"建筑师协会"的建筑师仅有不超过6400名。

伊冯娜和勒·柯布西耶前往弗泽莱（Vézelay）。1938年，友人让·伯多维奇在这里购入了土地和住房。伊冯娜直到德国被完全占领都留在弗泽莱，柯布西耶则从1941年2月住在维希的"女王酒店"（Queen's Hôtel），在那里度过了17个月。"维希的街道让我变得维希化"，他在信中向母亲写道，但谁也没有相信。给弟弟的信中则写道，想和没有成为军人之前的"三寸不烂之舌的戴高乐"见面。停留在维希的这段时间，柯布西耶构思了木制装配式住宅"模数"（Murondins）。他多次动身旅行，其中一次就是1942年4月的阿尔及尔之旅。

1942年3月28日，勒·柯布西耶被任命为"巴黎市住宅及城市计划研究委员会"委员长。副委员长是奥古斯特·佩雷和亨利·普罗斯特（Henri Prost）。委员会成员包括季洛杜（Giraudoux）、贝热里（Bergery）、亚力克西·卡雷尔（Alexis Carrel）、温特（Winter）、皮耶尔弗（Pierrefeu）、弗雷西内。此时，柯布西耶才切身感受到巴黎的建筑师们回来了。同年3月，在给母亲的信中他说"不墨守成规的学生们正在呼唤我"，并表达了在巴黎美术学院开设"自由的工作室"的意愿。但和维希体制有所瓜葛的勒·柯布西耶最后并没有成功让新政权采用自己的方案。

1942年7月，勒·柯布西耶再次返回巴黎。他寄信给毕加索，在为毕加索最新的作品献上祝福的同时，告诉他自己住在第六区。

1942年9月，他回到布洛涅的南热塞与科利大街；1943年3月23日，重新开启塞夫尔大街35号的工作室，并于3天后创立了"以复兴为目的的建筑革新建设协会"（ASCORAL）。

1943年，由于维希政府的命令，"救世军"解散。然而救世军的成员们并未因此放弃自己的使命。他们在勒皮昂韦莱附近的利尼永河畔勒尚邦（Chambon-sur-Lignon, près du Puy-en-Velay）继续庇护所活动，让组织存续下来。刚开始的时候是西班牙的共和党员，后来甚至开始支援受到迫害的犹太人家庭。动员了自治体全体成员的这个活动对于居民来说，正是与"正义的人们（即使遭遇危险，也要救助被虐杀的犹太人的人们）"这一称号相符的值得骄傲的高尚行为。

这一时期，混凝土是象征海岸线战争的一大因素。这种材料使得"大西洋之壁"久攻不下。佩雷兄弟的公司也参与了混凝土墙的建造。70年前建造的碉堡，在今天成为大西洋景观的一部分，还可以前去参观。碉堡并不仅仅是军事工学的产物，它还讲述了当时画出图纸的建筑师们的故事。关于此事，不久之前建筑师克洛德·帕朗（Claude Parent）和约内尔·沙因（Ionel Schein）曾前去实地调研。

1944年6月6日，同盟国的军队执行诺曼底登陆作战的时候，漂浮的混凝土起到了决定性的作用。作战地点选在诺曼底，建设临时港口和防波堤十分重要。这个人工港口"桑葚港"（mulberry）在泰晤士河口以装配式的形式建造，再被搬到诺曼底海岸，在阿尔罗芒谢（d'Arromanches）的海面上组装起来（※图3-28）。漂浮的栈桥"凤凰"长65米、宽18米、高20米，沉在进行登陆作战的海岸，作为港口的防波堤以"温斯顿·丘吉尔"的名字命名。直到今天，还能在诺曼底海岸的海面上看到它（※图3-29）。

※ 图 3-29

位于卢瓦尔河河口附近

滨海巴茨的法国最犬级

别的堡垒

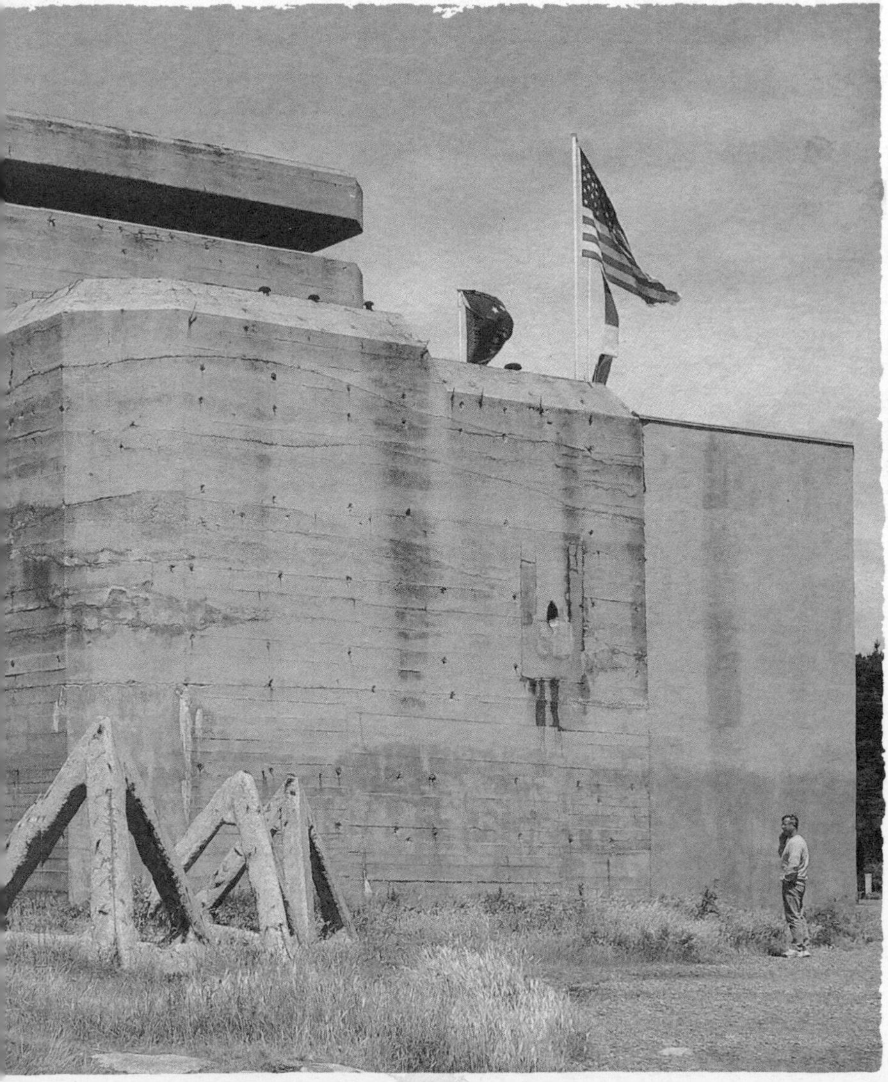

漂泊都市的再次起航

漂浮都市的再次起航

红毯

现状报告

朝向未来

紧密关联的大都市巴黎

歌颂未来

为优化而举行的研讨会

法兰西共和国的复兴

代表作品

在柯布西耶的学校

友情与小屋的故事

当马尔罗称赞柯布西耶之时

漏水的作品

第4章 漂浮都市的再次起航

勒·柯布西耶与路易丝·凯瑟琳号 漂浮的庇护所

4

法兰西共和国的复兴
代表作品
在柯布西耶的学校
友情和小屋的故事
当马丁罗费安勒·柯布西耶之[illegible]
漂水的作品
掌心，或是拳头
红环
现状报告
朝向未来
紧密关联的大都市巴黎
歌颂未来
为献化而举行的研讨会

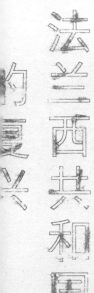

法国亟待走上复兴。在轰炸和解放战争的阴影之下，许多城市都已经精疲力竭。复兴大臣拉乌尔·多特里（Raoul Dautry）与欧仁·克洛迪于斯-珀蒂（Eugène Claudius-Petit）都对柯布西耶的城市规划给予了极大的信赖。柯布西耶是罕有的将广泛适用性户型和大众住宅理论化，并将它们付诸实施的建筑师之一。战前，参加"低廉住宅"（Habitations Bon Marché）运动的大部分建筑师们，不是停止了活动，便是已经去世。只有屈指可数的建筑师将花园城市这般壮阔的运动坚持了下来。复兴与城市规划局在战前将具有未来意识的优秀建筑师们召集起来，可他们却没有考虑到复兴规模的大小，大部分人只是在海外殖民地着眼于自己的工作罢了。

建筑史学家们认为柯布西耶的复兴风格过于受到理论的影响而对其进行了批判。那么说到影响，更应该从推荐跨学科研究的包豪斯风格及理论切入。

为了统筹法国各个城市的复兴计划，需要一一任命主持建筑师，拉罗谢尔市（La Rochelle）委任柯布西耶，勒阿弗尔市（Le Havre）则交由奥古斯特·佩雷负责。此外还选出了在省长职权范围内的土地所有者委员会，作为单方监管整个复兴计划。这种流程省略了运营和讨论分析，被称为合议制的新方法。

20世纪70年代末，罗兰・卡斯特罗（Roland Castro）、安托万・斯廷科（Antoine Stinco）与我们在建设局局长让・米歇尔（Jean-Michel）的带领下，综合国家工程与地方城市规划资料，对法国国内的住房进行了调查。战争结束后，参考复兴与城市规划局采用的方法，我也提出了自己的住房调查方案。原本已经把相关的古籍保管在博纳伊（Bonneuil）港的仓库，也找到了政治研究高等学院的学生们帮忙一起调查，可就在调查开始的几周前，传来了资料被烧毁的噩耗，着实令人遗憾。

在关于城市复兴的问题上，"旧（保守？）派"赞成恢复成被破坏前样貌，"新（革新？）派"希望在废墟的基础上重建与20世纪后期相适应的近代城市，两个派别相互对立。奥古斯特・佩雷说服了勒阿弗尔市的市民，勒阿弗尔市将与纽约市一样，建设向着大西洋开敞的街道。担任圣马洛市复兴负责人的建筑师路易・阿勒什（Louis Arretche）在尊重"旧派"思想的前提下，再现了以花岗石为特色的"岩壁之街"。南特市的主持建筑师米歇尔・鲁-斯皮茨（Michel Roux-Spitz）采用了折中的手段，对旧的街道进行了原貌再建，而在卡尔维尔大道（la rue du Calvaire）两侧则采用近代风格建筑整齐排列的设计。

柯布西耶的复兴计划，并没能被拉罗谢尔市的市民接受，最终该市的复兴转交给了其他的建筑师。虽然柯布西耶提出了"光明城市"（后文表述为Unité d'Habitation，意为居住单位）的方案，然而居住者选择了"勒马伊尔地区"（le Mireuil）建设。后来作为补偿，政府同意柯布西耶在马赛的米什莱（Michelet）大道设计公寓。在建设期间，马赛市民将此地戏称为"疯狂的小区"。南特市一名叫作加布里埃尔（Gabriel）的律师非常欣赏柯布西耶，尝试游说他参与南特市的复兴，但没有成功。不过，柯布西耶从廉租房（HLM）建设公司"家庭住宅"（la Maison familiale）处得到了在勒泽（Rezé）市建造第二座居住单位的委托。如此，柯布西耶畅想的公共住宅得到了实现（※图4-1）。在我的青年时期，曾有过一段在勒泽市拉贡（Ragon）区居住的经验。在距离居住单位200米左右的地方观察柯布西耶所设计的公寓，它仿佛一般伫立在市政府公园中央的巨大豪华游轮。若是从卢瓦尔河右岸的圣安娜之丘眺望，钢筋混凝土制的巨大轮船更是仿佛向着河口渐渐漂流入港一般。

※图4-1
居住单位（勒泽）

此外，另外的2座居住单位也分别在布里埃（Briey-en-
Forêt）和菲尔米尼（Firminy）实现。形态上各不相同，
"露台屋面"也改变了造型。马赛的居住单位中配备有
体育馆，勒泽的则配备有小学。但是在户型的设计上，
都是在有感于艾玛修道院空间的基础上变形而成。

青年时期的柯布西耶见证了交通工具机械化的进
步。年幼的柯布西耶完全被汽车、飞机和大型客轮迷
住了。工业化使重复生产成为可能，是非常经济的手
段。而功能性也是吸引柯布西耶的原因之一。

从他向《新精神》杂志投稿以来，便开始设计配备有
最小化客房空间以及多功能空间的大型客轮。若是结合
柯布西耶与海运相关的发言追寻他的建筑作品，可以发
现相当有趣的内容。例如野外与地平线的关系、"萨伏伊
别墅"、随处可见的栏杆与狭长的通道、浴室与船的客
舱，尤其是居住单位，它们之间都有着显著的联系。

或许正是因为柯布西耶热爱观察与旅行，他才会对大
型客轮的概念如此着迷。他对精简的线条、适应海洋的
上部构造抱有深深的感叹，而对那些充满繁复装饰的沙
龙嗤之以鼻。柯布西耶批判那些只是凸显奢侈，而不让
人们意识到已经离开了陆地的设计。他就曾对大型豪华
客轮"诺曼底"号[1]上过于装饰性的第三座烟囱进行了
抨击（※图4-2）。

1936年，大型客轮"大西洋"号预定向南美洲起航，
柯布西耶拜访了当时法国国有铁路局长劳尔，表示他希
望参加其准备工作，可是没有得到回复。1939年，客轮
"巴黎"号失火。分析了火灾的原因后，柯布西耶提出
了修复的提案，可是依旧没有得到回复。在南特律师加
布里埃尔的介绍下，1953年，柯布西耶与"跨大西洋综

---

[1] 1935年在法国建造，因它被称为"海洋上的宫殿"般的华丽到短暂的航行期，是被神格化的客船。

合公司"老板让·马里（Jean Mari）见面。这位让·马里将"诺曼底"号的设计图交给柯布西耶，希望他具体谈谈自己的看法。这是柯布西耶在战后获得的唯一委托。这份分析报告在"超级客轮"（Superliner）计划中也有所体现，大型客轮"法国号"也随之诞生。最终，未能付诸实现的柯布西耶之梦，向着昌迪加尔起航。

"路易丝-凯瑟琳号"是将柯布西耶对海洋的幻想付诸实施的唯一一例。虽然论声名与荣耀都不能与能横跨大西洋的客轮相比，可即使只是一艘在河川中行驶的平底船，它对城市来说也是必不可少的。包括"法国号"在内，那些柯布西耶心心念念的大型客轮们，最后都遭到了废弃。

柯布西耶在1939年至1955年间，完全不知疲倦地醉心于河川的研究。提出了"米迪运河"（canal du Midi）以及"两海运河"（le canal des Deux-Mers）的修复计划，又在1945年向劳尔大臣提出了巴黎到英法海峡间的塞纳河段沿岸规划方案。2009年，这个方案在城市规划建筑师安托万·格伦巴赫（Antoine Grumbach）的"大都市巴黎计划"中得到了运用。

※图 4-2
豪华客轮"诺曼底号"，第三座烟囱仅仅作为装饰，并没有烟冒出

若要举出6个柯布西耶在巴黎塞夫尔大街35号开设事务所期间构想的重要作品，其一要数以最纯粹的造型将柯布西耶建筑原理体现出来的"路易丝-凯瑟琳"号。其二则是见证了柯布西耶求索建筑之路的里程碑——萨伏伊别墅。其三是作为低廉住宅的居住单位（勒泽）。其四是响彻交响曲的拉图雷特修道院（法国阿布雷伦）。其五是提示了空间的本质，嵌入在大自然中的杰作——朗香教堂。最后，想提名的是昌迪加尔的城市规划。

昌迪加尔位于印度河畔，是为了代替锡克教徒的首都拉合尔，由贾瓦哈拉尔·尼赫鲁（Jawaharlal Nehru）所建立起来的新城市。1949年，印度总理尼赫鲁将规划任务委托给了美国建筑师艾伯特·迈耶（Albert Mayer）。迈耶虽将来自波兰的建筑师马修·诺维茨基（Matthew Nowicki）带往当地，可不幸的是，1950年由于飞机事故，诺维奇不幸离开了人世。又加上在国际政治舞台上，印度没能与美国统一步调，迈耶最终放弃了设计计划。尼赫鲁总理选出了两名印度工程师，委派他们去寻找优秀的城市规划设计师。于是，两个人拜访了柯布西耶事务所，并且获得了柯布西耶的允诺。一开始，印度人对柯布西耶的能力抱有疑虑。法国建设部大臣欧仁·克罗迪于斯-珀蒂建议由皮埃尔·让纳雷出任昌迪加尔当地建筑事务所的所长，任指挥工作。并委托柯布西耶二人设计"不拘泥于传统、表现丰富、带有实验性的城市规划"（※图4-3、图4-4）。

在1951年至1966年的15年中，柯布西耶一直留在昌迪加尔。皮埃尔除了在当地设计建筑、室内用品以及城市化的家具，在街道规划方面，也融入了参考迈耶计划后诞生的柯布西耶的理念。柯布西耶还设计了位于行政区市中心纪念碑和街道标志性雕塑"张开的手"。这件出乎意料的雕塑作品，在柯布西耶去世后，才逐渐被世人所知。

2000年春我来到昌迪加尔，感受到了柯布西耶的内心与印度之魂间说不清道不明的牵绊。住房与公共空间的关系，拥有极强的说服力。昌迪加尔的设计完全颠覆了至此以来柯布西耶的概念，从原本倾向于垂直发展的城市转变成水平伸展开来的城市。

关于柯布西耶，他的实践教条、著作中的理论、工程经验等各个领域之间，通常都有着明显的区分。所以常有根据工地的经验来重新调整自己的做法。

在刚刚抵达位于街道南部的昌迪加尔车站之时，我就被种满了郁郁葱葱树木的林荫道震惊了。这里与我至今为止看到的其他印度城市截然不同。大道的尽头，可以清楚地眺望到远方的喜马拉雅山脉。一望无际的水平线，使到访的人们无不发出感叹。建筑群低矮，道路连接着住家与其他小小的建筑物，仿佛对每一条街道都了然于胸，是非常容易令人亲近的地方。新城市的精神在于，它与其中所有居民的生活都息息相关，人们仿佛对待自己的所有物一般，幸福地使用每一寸公共空间。街上的人们从事着各式各样的工作。有负责替人熨烫衣物的，也有使用桑热缝纫机给客人制衣的。除此之外，有露天的教室，有敲着打字机给人代笔的店家，还有皮埃尔设计的摆放有高级柚木长椅的电影院。昌迪加尔，作

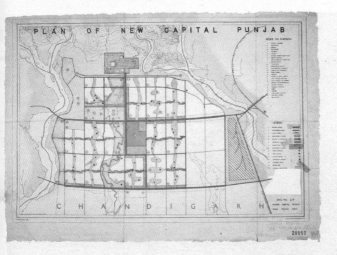

※ 图 4-3
昌迪加尔（印度）的行政区图
© FLC–ADAGP

※ 图 4-4
新首都旁遮普规划
© FLC–ADAGP

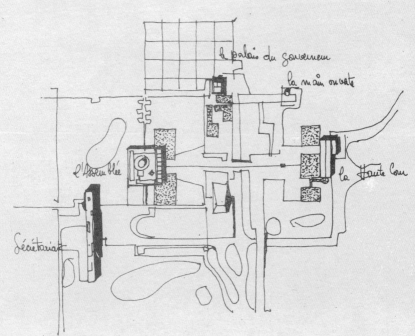

Plan du Capitole de Chandigarh (Inde)

为万人都市案例的同时，也是城市和地区开发、改造的范本。对所有打算从事城市规划的人们来说，是一个一定要去看看的地方。

为了规划好城市，瑞士人柯布西耶针对道路管理系统提出了名为"7V"的方案。汽车的普及带来了机动化水平的提高，也使得市中心时常陷入瘫痪状态，而"V系统"可以使城市不至于过度拥堵而寸步难行。为了更仔细地观察这里的街道，我租了辆车，深入一个个的街区，环绕各个公园和庭院，完全沉浸在令人心满意足的空间中。后来还去了莱索河谷（la Leasure Valley），这座绿色峡谷已经走在了环保都市的前面。首府到处都散落着文化设施、公园，以及步行者专用的宽敞散步道。此外还有一座搜罗了世界各地种类的大型玫瑰园，不知道是否也有名为"路易丝-凯瑟琳"的品种[*2]呢。

继续向北行驶，我真实地感受到建筑师柯布西耶敏锐的视点。符合公共设施标准的宽敞散步道，然后在尽可能靠近喜马拉雅山脉的地方放置了三座重要的政治建筑。其一是国会议事堂和行政机构。其二是法院和司法机关。位于中央的是总统府与执行机关。透过法院的巨大窗户可以看到无尽的古书，每个法庭都被分为2个或3个区域。印度政府将昌迪加尔定为旁遮普和哈里亚纳邦两个州的共同首府，因此国会也为了对应两边的事务被分成不同部分。作为行政中心的国会议事堂，需要脱鞋进入。集两人之力才能打开的巨大门扇由法国捐赠，上面有柯布西耶所绘的作品。一侧是在绯红色背景上运行的太阳，一侧是在绿色大地上生息的飞鸟、乌龟等生物以及流淌的河川。议事堂内部的大小、尺度、从天空引入的照明，无不显现出它谦逊的风格。

*2 1912 年作出的四季盛开玫瑰的园艺品种。像树丛一样立着的叶子是深绿色，还装饰有淡红色的花朵。

站在雕塑"张开的手"所在的绿色低地，我的心中感慨万千。"伸出手来，既是受取，亦是给予"。这是柯布西耶所要表达的。这只大手其实是金属制的风向标，随着它的旋转，喜马拉雅山脉在其中时隐时现。这与我们想要将"路易丝-凯瑟琳号"作为一个开放场所的夙愿完美契合（※图4-5）。我们还考虑把缩小到1/5大小的"张开的手"模型作为装饰放到船中。奥斯特里茨桥虽不是喜马拉雅，但是将象征着连带关系的两个意向连接起来，也是对柯布西耶致以的最大敬意。

　　我曾无数次地拜访朗香教堂和拉图雷特修道院。我认为可以把这两个作品视为一体来考虑。因为它们都充分体现了青年柯布西耶在绘画以及阅读上的积累。拿朗香教堂来说，柯布西耶虽然是无神论者，但他并没有选择与教会对立。关于这一点，虽然没有确切的证据，但他曾考虑了数个与教会人员相关的文化设施方案。1929年，根据特朗布莱（Tremblay）教区的惯例，需要构想一座宗教建筑。此后，他又于1948年与画家爱德华·特鲁安（Édouard Trouin）合作了"圣博姆寺院"（la Sainte-Baume）项目，但这两个项目都在草图阶段就终止了。朗香教堂是来自《神圣艺术》（Art Sacré）杂志理事长库蒂里耶（Couturier）牧师的委托。库蒂里耶牧师坚信，如果是柯布西耶的话，必定能以建筑师的角度，用高明的方式孚日（Vosgien）当地的日光引进教会。因此，可以说正是有了库蒂里耶牧师与柯布西耶，才有了这座白色圣堂的诞生。

　　柯布西耶与在他代理店工作的安德烈·梅佐尼耶（André Maisonnie）一起完成了设计，并罕见地把名字留在了礼拜堂神父之门上的搪瓷板上。布莱蒙（Bourlemont）的山丘之顶，从古希腊与罗马时代以来就一直被视为圣地。教堂就坐落在曾经是罗马教会的地

方，之后在德国军队的炮火下，原建筑遭到了毁坏。

接受委托后，柯布西耶来到现场，当时的他"环顾四周的水平线，丝毫没有犹豫"。1938年，在与协助者之一让·博叙（Jean Bossu）一同在阿尔及利亚旅行途中所绘的素描中，柯布西耶获得了灵感。置身姆扎卜山谷（M'Zab）的柯布西耶感叹"这是一座没有建筑师的千年建筑"。朗香教堂的设计与阿特夫灵庙（Sidi Brahim El Atteuf）[3]的弧形墙壁也有所关联。**当时正值柯布西耶出版著作《直角之诗》之后。在读过这本书后，也能了解作为早期现代主义建筑的朗香教堂是由何而来。再次来到这所体现着柯布西耶设计思想的白色混凝土教堂，我按照精确的设计图理解建筑的同时，胸中被难以名状的感动之情萦绕（※图4-6）。**

对朗香来说，漫步山丘向上攀登直至教堂的过程亦非常重要。这与在巴黎旧街漫步时眺望到沙特尔大教堂时的感情类似。与此相对，拉图雷特修道院则是从上

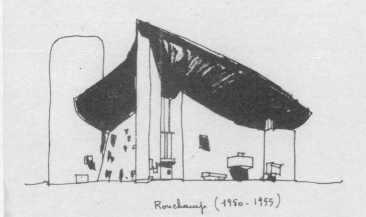

Ronchamp (1950 - 1955)

※图4-6
朗香教堂（1950—1955年）：

*3 位于阿尔及利亚郊区的伊斯兰寺院，建于11世纪上半期。

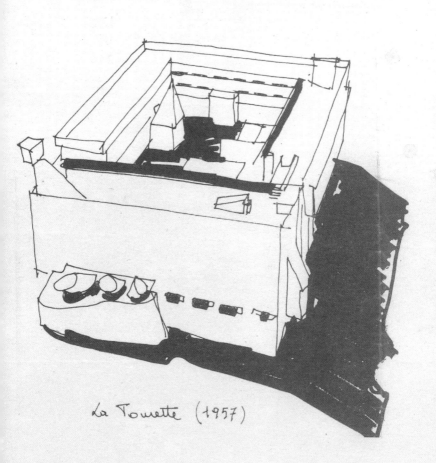

La Tourette (1957)

至下的过程。从四层直接进入，通过露台抵达楼下的
教会。在风景中乍现的拉图雷特修道院，与曾给予柯
布西耶极大启发的艾玛修道院类似。拉图雷特修道院
的共同设计者是数学家兼音乐家的扬尼斯·克塞纳基
斯（Iannis Xenakis），以及建筑师安德烈·沃肯斯基
（André Wogenscky）与费尔南·加尔迪安（Fernand
Gardien）。一眼看去，这里是垂直与水平的直角相交
叉而构成的空间。可以说是集柯布西耶艺术生涯大成
之作。正方形的图面转换为空间六面体，运用各种手
法形成了波浪般的形态。循环重复的部分，是克塞纳基斯创作
的玻璃花窗隔墙，彩色的光线透过玻璃投入教堂内部，光与暗
仿佛在此追逐嬉戏，就像故意使用了错误的音符产生的戏谑乐
曲一般（※图4-7）。

1960年，柯布西耶对他的代表作进行了最后的加工。
马赛和勒泽的居住单位竣工，布里埃和菲尔米尼的居住
单位还仍在施工中。菲尔米尼的文化会馆正在建设中，
巴黎大学城的巴西馆刚刚落成。朗香教堂已在5年前完
成，拉图雷特修道院在每个周日都会有圣歌唱响。针对
法国的项目，柯布西耶停止了与皮埃尔的合作。与安德
烈·沃肯斯基达成了合作协议，朗香教堂则与安德烈·梅
佐尼耶共同完成（※图4-8）。柯布西耶处于正统派与现
代派建筑争论的风口浪尖。在奥尔赛站的改建中，这个
争论彻底爆发。业界出现了将它改为国际会议中心的方
案，于是对此持反对意见的柯布西耶及其他几名建筑师
提出了建设纽约联合国本部塔楼的方案。伊凡·克里斯
特（Yvan Christ）的抗议文中，控诉了保守的巴黎，米
歇尔·拉贡（Michel Ragon）呼吁要拥护彻底扎根于现
代化的方案。

在柯布西耶的学校

我在进入南特地区的建筑学校学习时，被柯布西耶的反千篇一律主义吸引了。工作室的入口以6米的巨大篇幅写着这样一句话"建筑师是像妓女一般的存在。只是全凭客人的话照做罢了"。这是那些攻击柯布西耶的正统派建筑师们为了扇动我们这些年轻学生而散播的谣言。当时，我们组成了只有几个人的小组，研究《柯布西耶全集》。成员有最优秀的让-卢克·佩尔兰（Jean-Luc pellerin）、

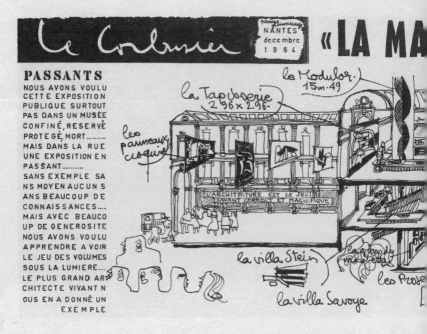

以及友人克里斯蒂安·布绍（Christian Bouchaud），还有比我们年长的吕西安·戈丹（Lucien Godin）。

佩尔兰与我将这些位于法国国内的天才之作游历了个遍——普瓦西、瑞士馆与巴西馆、杜瓦尔工厂、圣迪耶的居住单位、阿布雷伦、朗香教堂、菲尔米尼、马赛……对于文化的培养已经很是足够。接下来，1964年9月24日星期四，为推行健康保险制度的示威活动正在进行时，被克里斯蒂安·埃利乌（Christian Héliou）叫停。埃利乌是安德烈·马尔鲁（André Malraux）任文化大臣时负责文化、青年、运动部门的南特议员，而"南特建筑师协会"不仅阻止过柯布西耶的展览会，还曾向我抱怨。理由是"反对对还在世的建筑师进行宣传"，向承办展览会的城市下达了禁止令。我立刻行动了起来。

说服大家的过程倒是异常简单。没有能用的房间？没

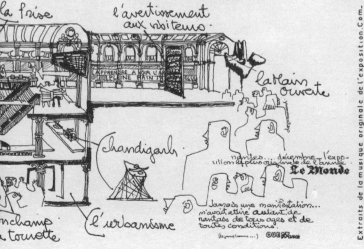

关系，在道路上办展览会就好。我们看中了位于南特市中心的波默海耶廊街（passage Pommeraye）。此地曾获得过芒迪亚格（Mandiargues）的称赞，雅克·德米（Jacques Demy）也曾在此拍摄电影，是一个传说之地。这样一来，1964年1月10日至15日期间，在学生的策划下，举办了名为"通过勒·柯布西耶的作品看建筑"的展览会。学生媒体为协助展览会的召开，发出了10万张印有去往波默海耶廊街入场券的传单（※图4-9）。克里斯蒂安·罗比（Christian Lobut）市长出席了开幕式。弗朗索瓦·楚斯克（François Tusques）和唐·谢里（Don Cherry）也趁这个机会推出了特殊限量版的唱片，成为收藏的对象，最近还推出了复刻版。仅有4天的展会，就发生了这些事情（※图4-10）。

从那以后已经过去了20年的岁月，当时《法兰西西部报》的记者菲利普·加拉尔（Philippe Gallard）对展会进行了回顾，并写下了如下的报道。

"对于20岁的我来说，柯布西耶展有着无法取代的深刻印象。被故步自封的市政府人员支配已久的南特街道，第一次吹来了新风。……我的姐姐嫁给了世代在南特经营建筑业的资产家，但那一家人都并不喜欢柯布西耶。因此，我非常清楚这个展会是为了煽动些什么。……是开拓精神，自发的、无偿的行动，傲慢与谦虚，勇敢与自我牺牲的奇妙混合，看到这些学生组织举办的展会，我被美术学校吸引了。

我尝试着进入学校学习，这里与我所想象的一样，工作室的氛围令人着迷。原本不擅长手工作业和素描的我，通宵达旦，特别是每当到了夜里，在空酒瓶子滚动的声音和稍微有点跑偏的短调乐曲中，我总能被那些新鲜出炉的展板和模型吸引。……在大部分人的眼中，我就是一个"工作室人"。并不是因为参加了展会的准备工作，仅仅是看着，就能学到许多东西。建筑的基础、光的作用、容积和

l'expo elle même

isorel

coupe relative

table expo (at. rou

isorel des 3 m

ramp

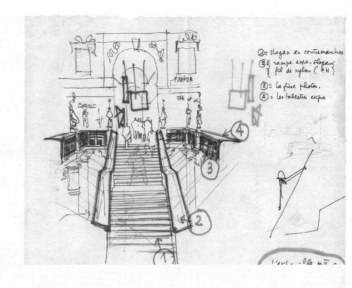

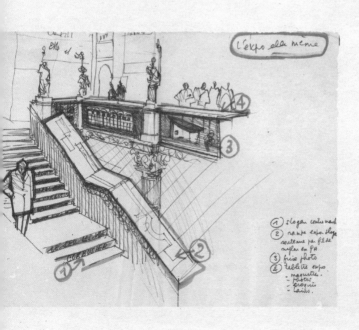

比率，等等，这样用形态来解释说明物体的体验还是第一次。……4年后的5月，作为ORTF（法国广播电视局）的实习生，我进入了以设计海报闻名的巴黎美术学校的工作室。……让我吃惊的是，即使在巴黎，也曾发生过反对传统教育制度的运动。"

1964年发生了许多好事。在法国总统夏尔·戴高乐的发言中，欧洲首次承认中华人民共和国作为一个国家。乔治·布拉桑（Georges Brassens）弹唱了《船上的伙伴》（Les copains d'abord）。电影方面，《安琦丽珂：天使们的侯爵夫人》（Angélique Marquise des Anges）、《里奥追踪》（L'Homme de Rio）、《轻蔑》（Le Mépris）、《瑟堡的雨伞》（Les Parapluies de Cherbourg）上映。甲壳虫乐队（The Beatles）在美国大获成功，在滚石唱片发行了第一张专辑。埃里克·塔博里（Eric Tabarly）在跨大西洋的帆船比赛中称霸。自行车公路赛中，安克蒂尔（Anquetil）战胜普利多尔（Poulidor）取得了胜利。让-保罗·萨特（Jean-Paul Sartre）婉拒了诺贝尔文学奖、马丁·路德·金获得了诺贝尔和平奖。12月19日、让·穆兰（译者注：法国民族英雄，二战时期法国抵抗运动的领袖）的骨灰被送至潘特翁的先贤祠，"令人恐惧的强行遣返"的历史也随之终结。这一天，我们在工作室兼"酒窖"举办了"勒·柯布西耶展"的庆功宴。

次年，即1965年的8月，发生了令人意想不到的相逢。在波士顿任教的优秀工程师罗伯特·勒·里科拉斯（Robert Le Ricolais）的建议下，我与几个学生伙伴一起去了克里特岛。我们分了两辆车，目的地是比雷埃夫斯（Peiraieus），回来途中参观了奥林匹亚、卫城、德尔菲，最后回到法国。9月初就要在法国昂热举行结婚仪式的我，也不能磨磨蹭蹭地一路玩耍。原本预定在翻越阿尔卑斯山之前找个地方住一晚，但是想着可以搭夜行卡车的顺风车，我们选择了走夜路。同行的另外两个人在车厢后部的床垫上睡了，我则打算等到了里昂附近的拉图雷特修道院（※图4-11）后，在繁茂的橡木树荫下打个盹。深夜，我们抵达了柯布西耶的修道院，希望能进去参观。神父的态度十分暧昧，似乎并没见过我认识的另外两位多米尼克教派的神父。但是他同意我们在橡树下度过一晚。修道院内部一直有搬动东西的响动，布局也在调整，大概因为修道院长去世，他们在做守夜的准备。吃完朴素的晚餐，我们走近了修道院。僧侣们一边唱歌，一边祝祷。我们从走廊的露台看到了身着白色法衣的男子们，正向着身廊中间的棺木表达敬意。在柔和的夜色中，嵌入地板的照明所发出的光，与白天随着时刻不断变幻的阳光，使空间产生了鲜明的对比。我们被这戏剧般的告别仪式迷住，最后依依不舍地离开了。第二天，就在我们到达昂热

之后，未来的丈母娘递给我一份"Votre ami est mort"，言简意赅地说道："你的朋友，去世了。"新闻的首页上用5段文字刊登了柯布西耶的讣告。**我们曾与他相遇，但却各奔东西。因为结婚，我一路向西；而他，在卢浮宫的"正方形中庭"接受安德烈·马尔罗（André Malraux）**[*4]**的吊唁，从南向北而去。**

*4 安德烈·马尔罗（1901—1976），法国作家，冒险家，政治家。

友情和
小屋的故事

负责建设印度首都的建筑师变得蜚声国际，同时他开始着手下面的历史建造物。为前来疗养的人们建造的露营地小屋，正确地说，是一栋16.10平方米的单层小房子。柯布西耶致力于传播完全不影响周边景观的钢筋混凝土建筑。这是在复兴法国之时，为大众设计的经济木结构住宅，采用了曾经向维希法国政权提出的方案。柯布西耶在木工家具匠人巴伯里（Barberis）所在公司的中介下，在科西嘉岛（Corse）设计了预制之家。这家公司也是参与米什莱大道居住单位家具制作的公司。

这个项目的灵魂，来自托马斯·勒比塔特（Thomas Rebutato）。他1907年生于圣雷莫，在尼斯做着水道管工的工作，在德军占领时，参与了反抗运动。他每隔一段时间就会造访罗科布吕讷马丁角，1947年，他购置了1000平方米的退台状土地，用于建造渔民小屋。这是"E.1027"旁边的一块地。勒比塔特完全被这个地方迷住了。1949年，他对渔民小屋进行了改造，增加了阳台和小厨房，并开设了户外餐厅"海蓝之星：罗贝尔尼斯特色菜"（L'Étoile de mer - Chez Robert - Spécialités niçoises）（※图4-12）。而此地最初的访客，正是柯布西耶。当时柯布西耶住在艾琳·格雷的别墅，带着当时一起画哥伦比亚波格达（Bogotá）设计图的10名工作室伙伴一起来此用餐。当时，在波格达的所长里特负责的"里特别墅"（la villa Ritter）方案组中，有着保罗·勒斯特·维纳（Paul Lester Wiener）以及将来会成为哥伦比亚专任所长的若泽·路易·塞特（José-Luis Sert）。更巧合的是，他同时也是绘制温纳莱塔·桑热-波利尼亚克公爵夫人音乐堂的若泽·玛利亚·塞特的外甥。同样，还有康迪利斯（Candilis）、若西克（Josic）、伍兹（Woods）等具有前瞻性的年轻建筑家。

据托马斯的儿子罗伯特回忆，首日，柯布西耶来到"海蓝之星"餐厅时说："让我们开门见山地说吧。请问能帮我准备10人份的食物吗？如果好吃的话，我们每天都来吃。如果不好吃的话，我们就不付钱了。"

从这天开始，大家之间产生了强烈的信赖之情，一边欢笑，一边大吃海胆，痛饮卡萨尼斯酒。柯布西耶在画《托马斯与他的帽子》（Thomas et sa casquette）之时，脑中浮现了雅各布大街的小小神殿，于是将画作题名为"为了友情"（À l'amitié）。这幅画时至今日还挂在"海蓝之星"餐厅的狭窄正面。二人交好后不久，柯布西耶就开始着手制作餐厅新招牌——印着托马斯与自己手印、脚印的签名。接下来，1952年，托马斯向柯布西耶与伊冯娜提出了修建小别墅的建议，并在不远处增加一座"临时工作棚"。伊冯娜回到了童年的故乡，对他们二人来说是可以休养生息的地方（※图4-13）。我为了理解柯布西耶当时想要设计怎样的别墅，造访了当地。因为他是一个严谨的人，光是靠想象有些困难。要与混凝土船体区分开来思考并不容易。而刚从罗科布吕讷马丁角车站的小型列车上一下来，我就明白了。500米的距离除了步行没有别的手段，虽然乏味，但在这途中，一直不知从何处传来一股地中海植物的清香。此外，还有走在被波浪长期冲刷而变得圆滑的小石子上发出的规律声音。进入小门，沿着铺满小石子的台阶向上

爬，突然，让人为之倾倒的风景在眼前乍现——开阔的
海岸线，群山之间能眺望到摩纳哥的岩山。**人们就生活在这小别
墅与咖啡厅并排相连的小世界中。这是与挚友们共享至
福时间的宝地。深知水浴乐趣的柯布西耶设计了5栋度
假小屋，确保每一个来到这里的人都能一边品味茴香酒，
一边享受渔民捕获的海味。** 圣诞节与复活节
的两周，以及8月的一整个月，柯布西耶都在此度过。
第一个住进由柯布西耶设计、可以俯瞰大海的小小墓地
之人，便是伊冯娜。这个墓地正是柯布西耶最后的作品
（※图4-14）。

这个基地在 "l'association Cap Moderne" [*5] 的整理
下，成为文化财产，并归 "沿岸管理局" 所有。一棵树
龄超过千年的巨大橄榄树守护着这块地方，听说被种植
的历史可以追溯到2500年前。

※ 图 4-13
（画面由左至右）女性友人、让·伯
多维奇、托马斯·柯布西耶、伊冯娜：

*5 艾琳·格雷的自宅和在它旁边建成的柯布西耶的度假小屋，以及集合住宅，被统
称为 "Cap Moderne"，"l'association Cap Moderne" 是保护它们的机构。

※图 4-14

柯布西耶之墓，以及坐在这
壮阔风景之中的弗朗西斯

当马尔罗称赞柯布西耶之时

1965年9月1日，法国主管文化产业的大臣安德烈·马尔罗作为政府代表致悼词。

"……这是一场，永恒的报复。

……勒·柯布西耶有着许多伟大的竞争对手。这当中，既有今天的到场者，也有已经离开这个世界的人物。可是，能明确指明建筑之革命的，仅柯布西耶一人。若问为何，因为他是那么执拗，在各种各样的轻视中，走过了漫长的岁月。

在屈辱的背后，属于他的荣光绽放出至高（无上）的光芒。这份荣耀，比起那些对此并不抱有期待的人，不如说是面向那一个个的作品。经年累月，将荒废修道院的宽敞走廊作为工作室，在此构思了一个个的城市，最后在孤独的小屋中离开这个世界。最后搬运这位喜爱游泳的老人遗体的人们，并不知道这位老人叫作勒·柯布西耶，但是每天都能看到他走向海滩的身影。柯布西耶如果泉下有知，得知大家称呼他为'之前那个人'，应该也会欣慰的吧。

勒·柯布西耶，既是画家，也是雕刻家，还是一位隐藏的诗人。可是他从没有为了绘画而斗争过。也不曾为了雕刻与诗而斗争过。战斗，仅仅是为了建筑。他怀抱着从未有过的炽烈热情，斗争过。因为只有建筑，是为了人类而创造的东西，虽然冷漠，却充满了热情，正如他渴求的道路。

柯布西耶曾说'住宅，是居住的机器'，但这并没有表达出他的真实意味。这句话背后的意思是，'家，要成为生活的宝箱'，要成为生产幸福的机器。他一直都心系都市。居住单位计划，说的是在广袤庭院中出现的高塔。不可知论者柯布西耶创造了20世纪最令人震惊的教会与修道院。在他的晚年，说过如下的话语。'我的工作，为的是当下人们最重要的事物——静寂与和平。'于是在昌迪加尔重要的纪念物之上，建造了硕大的雕像'张开的手'，不时有来自喜马拉雅山脉的鸟儿在此停留（※图4-15）。

他所提出的许多规划，都能适应那些预言般的甚至是过激的理论。愤怒的理论，是20世纪必然的产物。一切的理论，如果不能成为杰作，就会被人忘却。而柯布西耶的理论，常给予建筑师们莫大的责任心，这成为当今建筑师们的责任——将土地所诉说的话语，用精神的力量来征服。柯布西耶改变了建筑，也改变了建筑师们。可以说，在这个时代，他是第一个赋予人们思考的人。

在他的身体中，理论者和创造者共存。这位理论家没能与柯布西耶完美地融合在一起，而是像双胞胎般地存在。柯布西耶首先是一位艺术家。1920年，他说道'所谓建筑，就是在光之中，以知性为基础，正确地将美好的形状组合起来。'也说过'即使是如此粗糙的混凝土，在它们内部，也能体现出我们纤细的感受性。'他根据用途，在理论的基础下创造了各种各样美丽的形态。当然，他还反对19世纪末的装饰，排斥装饰。他设计的住房，不单单是住房，他所构想的城市，也不单单是城市。他也一直谨记于心，要将昌迪加尔建设成与旁遮普的首府完全不同的存在。他竭尽全力，诉说心爱之物。因此，希腊建筑师们称他为'感受希腊，深爱希腊的男人'，并在卫城将其供奉。然而，向世人明示他

※ 图 4-15

『张开的手』

与喜马拉雅山脉

当马尔罗称赞柯布西耶之时

对希腊以及印度的博爱之情的，并非他的著作，而是昌迪加尔。正如不是理论，而是作品，揭示了深奥而伟大的建筑造型间的类似之处。他认为，道路不是为了车而造，而是为了步行者，或是骑马者。正因为他是讲述未来之人，所以他改变那些逝者的历史，再将其赠予现世之人。

"……

永别了，我的恩师，我的挚友。

请安心地沉眠……

来自叙事诗的都市的敬意，来自纽约、巴西利亚吊唁的花束，

与恒河的圣水，卫城的大地一同。"

　　　　皮埃尔在柯布西耶去世后的两年，即1967年的12月4日，也离开了这个世界。皮埃尔生前希望自己能被火葬，并将骨灰撒入昌迪加尔的苏克那河（Sukhna）。葬礼上，全员身着白色的服装。骨灰则乘着皮埃尔生前亲自设计的小船"Rupar"而去。参加葬礼的人们抛出的玫瑰花瓣，在船尾划出的波纹中飘散。

1954年，朗博制作的小船由其家人捐赠给"土木建设美术馆"（Musée des Travaux Publics）。这是奥古斯特·佩雷合理运用成分、颜色、粒度所设计的混凝土建筑中的一所美术馆。这里的楼梯没有支点，仿佛飘浮在空中一般。1939年至1955年期间，该建筑被作为美术馆使用，再之后，"经济、社会福利评议会"入驻。以朗博制作的小船为首的展品被打包装进箱子，堆在灯塔信号管理局租借的博纳伊港的仓库（塞纳河管理局所管理）中。这些船即使离开水面，也有着用武之地。我在德方斯的新凯旋门下举办的展览会上，曾偶遇过其中的一艘。之后，在2014年，在前"土木建设美术馆"转为"经济、社会福利评议会"的会场与之再次相遇。现

在，两艘船在布里尼奥勒（Brignole）与杜阿尔讷内（Douarnenez）作为常设展品展示着。

1962年，路易·马莱（Louis Malle）将德里厄·拉罗谢尔（Drieu la Rochelle）的小说《鬼火》（*Le Feu follet*）改编为电影。有一个场景是在雅各布大街20号一个庭院的小屋屋檐下拍摄的。温柔牵手的恋人，透过一片绿树成荫，可以看到深处的"友情神殿"。这是从当时还住在这里的娜塔莉·巴尼处获得的拍摄权（※图4-16）。

1966年11月30日，前总统米歇尔·德勃（Michel Debré）雷买下了雅各布大街20号的一部分以及娜塔莉·巴尼的住宅，成为神殿的共有者。德勃雷因考虑将神殿改造为单间，打算将当时90岁高龄的巴尼夫人赶出去。媒体大肆报道，当时的总统乔治·蓬皮杜（Georges Pompidou）也介入调解，最后没能成功。神殿的状况之所以变得惨不忍睹，是因为德勃雷想向巴尼夫人施加压力，安排了各种扰人的施工或是往里扔垃圾。没想到，1971年1月颁布的"危险防止法令"，反而帮了德勃雷一把。最终，年老的娜塔莉离开了自己的家，在莫里斯（Meurice）酒店[*6]暂且容身，不久便去世了。

小小的神殿，在各种施工的摧残下已经伤痕累累，存放半身像的壁龛被改造为窗户，搁架掉落，神殿全体的形态都大大改变。托《法国闲话周刊》（*Le Canard enchaîné*）主办的媒体竞赛之福，神殿的施工被叫停了。雅各布大街附近的建筑物，附有小小的铭文——"瓦格纳-14号-半年""柯莱特（Colette）-28号-3年"。

[*6] 位于巴黎的法国最高级的酒店。

漏冰鹞作品

1950年，"路易丝-凯瑟琳号"就停泊在奥斯特里茨站前，从未离开。奥斯特里茨桥建于1802年，最初是由铜、锡、铅铸成，以在奥斯特里茨战争中死去的两名将校之名命名，连接瓦尔韦伯（Valhubert）广场与马扎斯（Mazas）广场。拿破仑为了纪念奥斯特里茨战役的胜利，于1805年12月2日下令在东面修建奥斯特里茨桥。之后，为了纪念耶拿战役的胜利，在西面修建了耶拿大桥，这两座桥界定了巴黎的市区。于1885年开通的奥斯特里茨桥，现在只有桥墩保留了当时的原貌。1854年，它迎来了第一次扩建，1885年，原本铸铁的扶手改为了石制。在最后的改造工程中，拿破仑的代表字母"N"，被一对旗帜和法国共和制的束棒所替代。在桥的大梁处，至今留存着两脚间抱着奥斯特里茨旗帜的狮子像（※图4-17）。

※图4-17
奥斯特里茨桥的桥身

"路易丝-凯瑟琳号"极大地促进了奥斯特里茨车站周边聚集的流浪者们的交流。她作为居住在巴黎桥下无家可归者的庇护所，60年间都恪尽职守地工作着。

1995年，船底积水。官员让-皮埃尔·迪波尔（Jean-Pierre Duport）[7]颁布了"危险防止条例"，宣布废船决定。事实上，漏水的原因只是水槽水箱的调整阀出了问题。这个条例是让-皮埃尔·迪波尔任职期间颁布的最后

*7 让-皮埃尔·迪波尔（1942—　），1998—2002年间在巴黎法兰西岛担任行政长官。

一道命令，直接导致了奥斯特里茨停船处"救世军"活动的全面停止。

这次事故也表明了船体零件的老朽。"救世军"决定对船进行全面改造，改为接纳受家庭暴力迫害女性的庇护所。但是这个计划意味着"路易丝-凯瑟琳号"的形态可能会发生巨大改变。万幸的是，因为费用过高，计划被终止。顶着巴黎港湾局施与的废船压力，"救世军"多次调整计划费用，但仍旧过于高昂，最后不得不变卖船只。

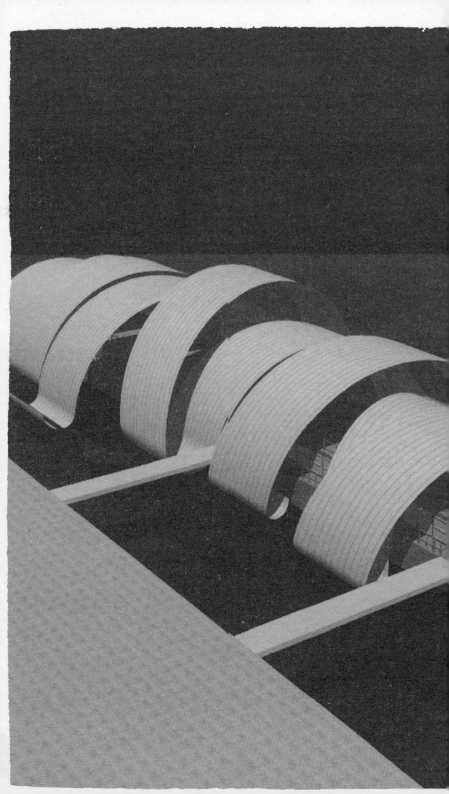

※ 图 4—18
2008 年时远藤秀平的
船身遮蔽物方案

"路易丝-凯瑟琳号"逃脱废船命运的重要原因，在于巴黎港湾局的理解，与勒·柯布西耶基金会的良好关系，以及2005年来多次开展的修复会议。勒·柯布西耶基金会的会长让-皮埃尔·迪波尔与当年因漏水原因宣布"危险防止条例"的前官员不是同一人。他为了挽回错误情报造成的损失，竭尽全力。为了恢复河岸的使用价值，他集米歇尔·拉兰德（Michel Lalande）、巴黎港湾局、文化局地方分局、勒·柯布西耶基金会、救世军于一堂，共同商讨对策。历经两次会议之后，于2006年12月14日与2007年5月30日，达成买卖协议。

在救世军的善意之下，"漂浮的庇护所"被转卖给附近船只的主人。作为新的所有者，需要担起"继承"的责任，为此我们创立了方便现金交易的"简易有限公司"（SAS），和另一个促进船的活用的协会。维护文化活动交流这个共同目的在两个机构间交织。继承了马德莱娜·齐尔哈特的意志，两个机构以"路易丝-凯瑟琳"这个名字注册了公司信息。出售时，在"救世军"的网站上，登载了以"漂浮的庇护所将踏上新的冒险"为名的信息。

出售后不久，"路易丝-凯瑟琳号"便成为非法居住、涂鸦、抢劫的对象。虽然不允许参观，但也开始采取全日照明的措施来防止非法入住和涂鸦现象的发生。

尔后，为了构建修复支援的网络，这里开始开放，允许参观。文化部建筑科的米歇尔·克莱芒（Michel Clément）与员工、巴黎市文化助理克里斯托弗·吉拉尔（Christophe Girard）、当时兼任巴黎建筑与城市规划馆的女馆长——建筑科主任多米尼克·阿尔巴（Dominique Alba）一同组建了"路易丝-凯瑟琳号"后援会的原型。

我们通过巴黎秋季艺术节[*8]，第一次向外界传达了我们的活动。巴黎秋季艺术节组织委员长阿兰·克龙巴克（Alain Crombecque）首肯了作为2008年展览会主题的提案，展出了为保护修复工程而建造的遮蔽物模型。因有"在现有作品的基础上进行新的创作"的柯布西耶的计划，主办方希望收获一个艺术作品般存在的遮蔽物，他们将这个任务委托给日本建筑师远藤秀平先生。远藤秀平在"路易丝-凯瑟琳号"的修复过程中，提出了既不损伤船体，且符合大众审美的金属带状构造体。他的模型在多米尼克·阿尔巴的邀请下在巴黎建筑与城市规划馆展出，也以此为契机在建筑师地方协会、建筑馆举办了演讲与展览会。最后，唯一要做的，就是实现我们的远大目标了（※图4-18）。

*8 1972 年开始的艺术节，每年秋天在巴黎举办。

掌心，或是拳头

为了"路易丝-凯瑟琳号"的重生，维尔日妮·勒·卡尔韦纳克、弗朗西斯·凯尔特奇安、让-马克·多芒热和勒内·勒诺布勒一同，做出了各种各样的尝试。

四人的相识，将编织出令人难以置信的奇妙故事。

1970年，弗朗西斯成为马赛吕米尼（Luminy）建筑学院的一名学生，并升入万塞讷的城市规划学院。让-马克就读于法国国立理工高等学院。维尔日妮希望当上教授，学习文科与政治学专业。勒内则作为航空引擎研究制造公司（SNECMA）的引擎工程师在法国国立工艺学院研修。我的话，在突尼斯开设了研究所，为了保护突尼斯的迦太基与梅迪那遗迹，进入了联合国教科文组织（※图4-19）。

1973年。我回到巴黎，与未来的同事和朋友一同，各自居住在河川的船屋中。让-马克·多芒热住在"睡莲号"（停于奥斯特里茨）。勒内·勒诺布勒在伯那丹（Bernardins）停船处的"爱丽丝号"。维尔日妮·勒·卡尔韦纳克则在"间奏曲号"（圣马丁运河）。弗朗西斯则收购了1899年于翁布雷特（Ombret）建造的货船"杰斯丁号"（Justine）[停靠于艺术桥（pont des Arts）]。我们与弗朗西斯的相识，是在圣安德烈艺术（Saint-André-des-Arts）路小学的家长会上。由于艺术桥施工，"杰斯丁号"被转移到现在的停泊处——奥斯特里茨河岸。

未来将成为挚友的四人，工作经历都并非一帆风顺。1975年，维尔日妮·勒·卡尔韦纳克成为香槟地区（Champagne）的文学教师，之后又转职到芒特拉若利（Mantes-la-Jolie）整改区维勒纳夫勒鲁瓦（Villeneuve-le-Roi）的高校。在两个地方接受了"大学附属技术讲座（IUT）"，又在埃夫里（d'Évry）大学学习了通讯专业。1978年至1988年间，创办了两所企业。其一，是名为"小石"的原创时尚珠宝店。另一个是字体店"名誉博士"。让-马克·多芒热是一个充满信念之人。作为混凝土专家，他经常为建筑、混凝土、河川相关的书籍作序，在13年间担任加西亚（Calcia）水泥公司的社长。2004年，成为法国水泥工业联合会的会长，8年后创立可以独立制造法国水泥的卡瑞姆（Kercim）公司，工厂设于蒙图瓦德布雷塔尼（Montoirde-Bretagne），是一家拥有精巧工艺与技术的一家法国公司。让-马克·多芒热利用海运运送产品，与以前的方法相比大大节约了资源。他看到了水泥制造业的未来，推崇环保的制造工艺，转瞬之间就成了水泥行业的龙头。他在公司世界各地进行生产制造，推动了水泥工业的近代化。最近他的工厂还收购了水泥公司拉法基（Lafarge）。勒内曾组装过飞机的发动机，也组装过电梯，最后成为蒙费梅伊（Montfermeil）一所"工作援助中心"的指导员。在这里，为了让那些患精神疾病的青少年们能够康复出院，设有廉租房（HLM）。

让-马克·多芒热在海外出差期间，把船借给了尼日利亚的朋友。就这样，弗朗西斯也对尼日利亚歌手费拉（Fela）熟悉了起来。在费拉寻找经纪人的时候，熟悉尼日利亚的弗朗西斯搭了把手。1978年9月，勒内担任皇宫剧院（théâtre Le Palace）电力工程的指挥。随着剧场开业，直到1981年他都担任技术责任员的职位。

3年中，同时兼任"大西洋研究太平洋彩虹号"
（l'Atlantic Research Pacific Rainbow）上
的鲸观察员。他成为马丁·梅佐尼耶（Martin
Meissonnier）的助手后，通过爵士乐认识了
费拉，1981年，与弗朗西斯结识。1989年，他
参加了香榭丽舍举行的名为"马赛进行曲"的
巴黎祭典游行。让-马克·多芒热为了建立唱
片公司"Justine"，拜访了弗朗西斯。

弗朗西斯在纽约构思了"漂浮村落"方案。
1989年，我从政府处接受了两个任务。一是来
自当时文化部大臣利昂内尔·若斯潘（Lionel
Jospin）的委托——如何让大学回归城市。另
一个是河流运输国务秘书乔治·萨尔（Georges
Sarre）的任命——重新探讨河川与运河的使用
价值。以这个任务为契机，我有机会作为巴黎
河川管理评议会的外部顾问，制定关于法兰西
岛运河内停泊船屋的规定。此外，还在法国国
家工艺高等学院美术馆主办的混凝土展览的区
域内，骑自行车参观巴黎的各种混凝土建筑，
并举办演讲（※图4-20）。这个项目，为的是纠
正人们对混凝土过于沉重、庄严的偏见。参加
自行车参观的人们，大多是环境保护部门的相
关生态学学者，这个环巴黎的行程在他们之中
人气颇高。我向大家介绍了自己调查发现的混
凝土建筑的魅力，让人们有了新的认识。

2005年3月14日，我们五人共聚晚餐，像人
的五根手指般齐心合力，与"路易丝-凯瑟琳
号"一同踏上冒险征途。但命运并没有眷顾我
们，我们失去了其中的一指——2013年10月
18日，让-马克·多芒热永远离开了我们。

※ 图4—20
巴黎混凝土建筑自行车巡礼，
正在参观中的场景，香榭丽舍
剧场前（中间是本书作者）。

"路易丝-凯瑟琳号"的希望之火在此被点燃，为了赋予新的使命，还要跨越无数的难关。在国家的援助下，首先转变为可以被出售的状态，其次，需要适应平底船的安全规定。已经没有退路，必须设法取消省长发布的废船命令。这就需要证明船体的混凝土质量没有问题。由于体型过大，这样的钢筋混凝土船体无法从水中整个吊起，船会劣化。唯一的方法只能是请潜水员潜入水下帮忙调查。能完成这个使命的，只有乔治·格拉沃（Georges Graveau）一人。也许是命中注定，他被水中漂浮的混凝土建筑吸引，作为受过教育的建筑师，贯彻自己的热情完成了使命。他的监理由于有法律认证，所以是有效的。水下的部分状态极佳，可以保证没有漏水的可能。在那个对混凝土知之甚少的年代，仓促面世的船体，马上将迎来建成一个世纪的纪念，这实在是个例外。

为了获得安全管理局的许可，获得"大众进入设施（ERP）"许可证，让这个空间成为可供大众进入停留的设施，需要有足够宽的栈桥连接船体和河岸，这有可能损害原本的建筑形态。如果能被选入历史建筑名录，可以避开各种行政上的限制。幸运的是，我们得到了相关单位的支持。

※图4-21 出身于南特的漫画家勒诺尔芒（署名为Len）所绘的柯布西耶。勒诺尔芒的工作室与自宅都在位于勒泽的居住单位中。

我们希望还原这艘柯布西耶与皮埃尔·让纳雷设计建造的船只，但是想让柯布西耶基金会理解这个意愿并不是一件简单的事。对于窗框的圆形、各种涂装的颜色等，需要做各种测试小样，经过多次讨论才能最终决定。随着修复工程的进展，面临着数不清的细微调整工作，这正如1929年在柯布西耶指示下精准施工的人们一样。钻研柯布西耶的解释与解说的建筑师们所追求的正确性，就像草图和作品的区别一样，距离现实的修复工程还有很远的一段距离（※图4-21）。幸运的是，在法兰西岛地方文化局的帮助下取得了进展。

Le corbusier vu par Len.

　　此外我们自己也面临着诸多问题。比如需要考虑每个人的劳动力、资金、时间如何分配。为了保持外观，不得不奔走求取企业的援助。此外还有意想不到的障碍。巴黎河川管理评议会为了增加巴黎河岸利用的收益，举办了大众筹资。将其视作河岸的一部分，还是视作矛盾因素？"路易丝-凯瑟琳号"的存在成了一个问题。万幸的是，经过多次企业内部的调整与大众筹资，他们决定选择支持文化事业，即不通过商业手段，而是以成为文化性的设施为目标，竭尽全力。这也是一场令人担心的豪赌。同时，地方文化局（DRAC）的让-马克·布朗什科特（Jean-Marc Blanchecotte）通知巴黎河川管理局，平底船的停泊处位于地理上的指定区域内。举办大众筹资的地点，位于"漂浮的庇护所"曾经停靠的河岸线上，因为船体太长，停靠费用相当高昂。最终，巴黎河川管理局同意将我们的船视作文化遗产，免费停泊在此处。

　　　　　　　我们也深知自己的弱点。船的状态无法成为我们计划的助力。获得的资金全部投入了不可见部分的安全维护。资金用于船体的调查、航运许可的获得、混凝土的状态分析、船底的水泵、消防设备、净水设备，等等，消失得如流水一般。

　　同样，还有研究船的初始设计图的任务。由弗朗西斯负责人员配置，我和阿梅尔·卡西安（Armel Cassin）作为建筑师负责建筑方面的调查研究。虽然非常困难，但是意义重大。然而这份原始图纸既不详细，也不完整。有利用价值的，只有少量的笔记，以及现存的原创零件信息（4个窗框、嵌入墙体的门、储物柜1个、数张照片）。这是像考古学的挖掘调查一样的工作，等待修复船只的骨架、尺寸等，需要与现状吻合。为了不使到访的人们失望而归，我们用了4张展板进行解说。就这样，在不为外界所知的情况下，大量的时间悄然而逝。为了宣传我们的诉求，推动事情的发展，亟待展开各种活动。

2013年1月1日，在新年的晋升发布会上，我被"都市政策局"授予了士官等级的法国荣誉勋位勋章。这个为嘉奖个人与都市关系而授予的勋章，起到了推动我们行动的重要作用。当时的总理让－马克·艾罗（Jean-Marc Ayrault）作为颁奖人，来到了"路易丝－凯瑟琳号"的施工现场。全员都来到甲板集合，修复好板材，架好舒适的登船栈桥，确认现场的安全性。虽然是施工现场，但也希望努力让人们在此感到舒适。能够得到身边的人以及家人在此为我庆祝，真的非常开心。能不能照常举行颁奖仪式，还尚不明朗。2013年4月13日星期六，巴黎市区都在举行游行，巴黎市中心也将进行反对"同性恋者结婚"的游行。当天的早上，艾罗总理受到了威胁，总统的警卫队也表明午后在船上举行授奖仪式是一件危险的事情。让－马克·艾罗对此并没有发表回复。他没能出席仪式确实是一件意料外的事。我发表了领奖感言，陈述了想贯彻的契约、约定以及目的。"路易丝－凯瑟琳号"的回归，意味着这艘船的使命与艺术之形联系到了一起。

布里尼奥勒。1977年，米拉沃酒庄成为雅克‧路西耶（Jacques Loussier）的录音工作室。1959年，组建了"巴赫三重奏"（Trio Play Bach）的雅克‧路西耶以巴赫的乐曲为主题，展开了世界巡回爵士音乐会。马克西姆‧勒‧福雷斯蒂尔（Maxime Le Forestier）、皮埃尔‧瓦西利乌（Pierre Vassiliu）、平克‧弗洛伊德（Pink Floyd）、印度支那（Indochine）、斯汀（Sting）都一路追随。1992年，录音工作室被出售，2008年被布拉德‧皮特与安吉丽娜‧朱莉接手。建筑爱好者布拉德‧皮特对混凝土的历史非常感兴趣。朗博的小船、混凝土建材的故事、他的住房排水图的重要性等，都令人惊喜。2014年8月23日，布拉德‧皮特与安吉丽娜‧朱莉的婚礼就在米拉沃酒庄举行。

桑热-波利尼亚克基金会[*9]**现在也全力支持青年音乐家的培养。若你来到位于乔治‧曼德尔路的基金会，会发现这是一个被音乐主导的空间，因为这里总是萦绕着管弦乐的演奏声。**

2013年，为了庆祝建立100周年，香榭丽舍剧场迎来了斯特拉文斯基的《春之祭》、达基列夫的俄罗斯芭蕾音乐、塞维尔的理发师（Le Barbier de Séville）、贝多芬全套交响曲的公演。除此之外，还演奏了瓦格纳经典

*9 支援音乐和艺术活动的公务法人。

合集，1914年，瓦格纳作品初次海外演奏亦是在香榭丽舍剧场，这次演奏会再次唤醒了人们的回忆。

如今，"萨伏伊别墅"成为美术馆，拉·罗什住宅成为柯布西耶基金会的总部，对外开放。居住单位依旧闪耀。朗香教堂与拉图雷特修道院也依旧活跃。昌迪加尔则仍在持续综合发展中。

2015年冬季的一天，我拜访了停驻在讷伊桥的"若尔热特·戈吉比上将号"（L'Amirale Major Georgette Gogibus）。名字来自曾担任"路易丝-凯瑟琳号"船长的"海军将领夫人"。这艘曾经在莱茵河巡航的旅馆船，被重新改造，变身为"再就业者住宿中心"（CHRS）。从食堂挂着的公示板可以了解这个中心的活动内容。这个以"向心中注入文化"为题的活动，联结了"巴黎大皇宫"与伙伴的关系。此外还有互助交流经济问题的船上座谈会与体检，可以说是"希望的巡航"。下方的甲板有分成30个单间的住宿空间，每扇门上都记载着船名与居住者名字的缩写。室内是有着圆形窗户的生活空间、浴室、小小的桌子，以及能让人感受到航海气息的各种个人物品。上方的甲板基本是运营、工作的空间，以及供夫妇居住的10间客房。船尾设有厨房和食堂，还有面向塞纳河开敞的大玻璃窗。在这整个航海设施中，最受到优待的场所无疑是位于船头的沙龙。这里有图书室，配有电视，还可以享受远眺的乐趣。"作词·作曲·音乐相关著作权协会（SACEM）"的旁边，可以看到负责皮托（Puteaux）岛、讷伊桥岛、讷伊桥的建造者佩罗内（Perronnet）的雕像[10]。

皮托岛的公园以"勒博迪"（Lebaudy）命名，并非偶然。勒博迪是当初"救世军"买下"女性馆"之前捐助了许多资金之人。从天空到河川之间，充满

*10 让－鲁道夫·佩罗内是创办法国国立路桥学校的建筑家，协和桥上有佩罗内的雕像。

了各种对比。新商业街的高大金属建筑，在阳光下反射出蓝色的光芒，仿佛唾手可得。在河的下游，停泊的船只一字排开，浪漫的亚特（la Jatte）岛与小小的"爱之塔"（※图4-22.）都清晰可见。"戈吉比号"在这个充满象征的地方，奏响一曲美妙的旋律。

如何将意识转变为实际行动呢。我们一边考虑漂浮建筑物的制约，一边制定以文化为主导的商务战略计划，进行历史建筑的修复。我们都坚信这个计划可以达成。

根据《1901年法》[11]创建协会是我们权利的宝库。为了创建协会，虽然有各种亏损和借贷发生，却是与各个机构结成友好关系、达成信赖关系的第一步。成立一个创新的组织是十分必要的，我们将此分成了船的所有者和船的使用机构两个部分。

"简易有限公司（SAS）路易丝-凯瑟琳号"是船的所有者。该组织灵活运用船只，在尊重柯布西耶作品的前提下，展开各种以文化、艺术、教育为目的的活动。

"路易丝-凯瑟琳协会"与前者有着共同的目的。2008年2月9日，二者达成合作协定后，简易有限公司（SAS）将船的事务活动委托给了协会。从法律上来看，二者是不同的公司，代表人也各不相同，为了加强两个组织的联系，各公司派出2名员工，又从外部招聘了2名人员，共计6人一同组成了新的计划委员会（※图4-23）。

河流的生命、保护源远流长的水脉、在水中航行漂浮的建筑、大都市与河川的关系，这些都是委员会的中心课题，他们需要考量怎样以此为出发点制定计划。为了修复平底船，需要让作为珍贵建材的混凝土变得更加有

*11 1901年发布的称为"结社法"的法律，优待不以追求利益为目标的公司。

价值，使船与河川融为一体，赞美勒·柯布西耶与皮埃尔·让纳雷一生中重要的作品，且让它对后世也能起到教育意义。必须保留平底船的回忆，传承被历史封藏的精神——"救世军"以及其他慈善事业协会的那段历史。

MONUMENT HISTORIQUE

LA PÉNICHE «*LOUISE - CATHERINE*» UN LIEU CULTUREL, MUSÉAL ET PÉDAGOGIQUE
RESTAURATION DE LA CITÉ REFUGE DE L'ARMÉE DU SALUT, TELLE QUE L'AVAIT REALISÉE LE CORBUSIER : TROIS COMPARTIMENTS-NEFS, JARDINS SUPENDUS
WWW.PENICHE-LECORBUSIER.COM

RESTAURATION DE LA PÉNICHE LOUISE - CATHERINE | BÂCHE N°2 | 21/06/15

MAÎTRE D'OUVRAGE :	SAS LOUISE - CATHERINE
ARCHITECTES :	LE CORBUSIER (1887-1965)
	PIERRE JEANNERET (1896-1967)
ARCHITECTES D'EXÉCUTION :	
	MICHEL CANTAL - DUPART
	ARMEL CASSIN , GERARD RONZATTI
EXPERT INGÉNIEUR :	GRAVOT SCAPHANDRIER
DURÉE DES TRAVAUX :	JUILLET 2014 - JUILLET 2016

RESTAURATION DE LA PÉNICHE LOUISE - CATHERINE | BÂCHE N°3 | 21/06/15

　　具体来说，公司的职责在于，决定资金方面的借
　　贷额度，在与公共机关签订的协议上签字，与协会
　　结成友好船只，以及共同分担事业活动。之所以能
　　达成共识，是友情的水泥将我们锚固在一起。

在复杂的修复工程中，有数个活动提示了我们的意志。
之前提到的法国荣誉勋位勋章授予仪式，有将近400人
参加，马里-多（Marie-Do）负责指挥，举办了120人的
晚宴。这是测试这艘船吸引力的绝佳机会。2012年，为
了祝贺女性造园家洛尔·普朗谢（Laure Planchais）被
授予法国国家景观大奖，以演讲与自助餐的形式举办了
盛大的晚宴，这对我们来说也是一次很大的胜利。还有
关于"大都市巴黎"的记者会，这是决定这艘船地位
的重要机会。同样，还有"Gérard du cinéma"奖的现
代建筑版、对现代建筑的褒贬进行评论的"Parpaings
d'or"奖的颁奖仪式、以女性为主题的摄影展，以及在
公共空间举办的，关于艺术文化国家有着怎样使命的研
究会。此外，弗雷德里克·戈蒂埃（Frédérick Gautier）
在船的肋板的整理架空间举行了名为"100个不可思议
的混凝土茶壶"的展览会（※图4-24）。

※图4-24
混凝土制茶壶

紧密关联的大都市巴黎

"路易丝-凯瑟琳号"作为一座遗世独立、顽强生存的水上艺术工坊,在巴黎这座国际大都市中,它的历史与社会离析、割裂开来,今后也有持续下去的必要。

"大都市巴黎"(le Grand Paris)是1982年法国总统吉斯卡尔·德斯坦任期时的任务之一,由罗兰·卡斯特罗合作设计规划,被命名为"郊外89"(Banlieues 89)。这一规划吸取巴黎与巴黎郊外的记忆与象征,以调查各功能的现状,以及没能正常使用的功能这两个方面的讨论为目的,调和这两个以不同速度行进着的城市。其中,想象力是一个很大的问题(※图4-25)。

我们理想的规划标语是"联结"。以达成这个目标为前提,通过"宴会与强者"(Fêtes et Forts)这一组织,在巴黎结成了强力的战线,举办了各种活动。而如何缓解连接首都的环状铁道线路状况,是我们提出的问题。

像不被重视的乡下保安员一样,我准备了许多长期以来未获得首肯的申请。不是没有场所,而是市民的代表者们不愿意听,各种计划都被否决了。2007年,尼古拉斯·萨科尔齐(Nicolas Sarkozy)在法国鲁瓦西的演讲中发表了"大都市巴黎"。17个月后,开始大规模地公开招募商讨委员会成员,让·努维尔、让-玛利(Jean-Marie)与我一同组成了小组,最后方案获准(※图4-26)。为了重新梳理"大都市巴黎",研究讨论各种各

※ 图 4-26
罗兰·卡斯特罗、米歇尔·康塔尔-迪帕尔、让·努维尔与让·玛利。围桌讨论"大都市巴黎"规划

样的大道、小路，并力荐希望灵活运用塞纳河上游的山谷，作为引导编织河流网的线索，联结"大都市巴黎"。

　　作为接近城市的方式，将地产作为中心考量虽然是件简单的事，但若要将每一个人关心的事情作为核心考虑，城市规划就变得复杂了起来。因为这是将一般民众作为对象的战略，即适合大多数人的战略计划。

　　而在这之中，奥斯特里茨桥的"路易丝-凯瑟琳号"是一个探索"大都市巴黎"并与之对话的极佳向导。这也要归功于那些创造了"路易丝-凯瑟琳号"的人们、参与了的人们、考虑着它的人们，以及在那儿生活着的人们。

歌颂未来

在我们的努力下，获得了法兰西岛地方文化局的支持以及"合作信贷"（Crédit Coopératif）银行的贷款。有了这些资金的支持，修复工程有望在2015年8月27日——柯布西耶50周年忌日之前完成。

柯布西耶所期望的带形长窗，嵌入窗框，再镶入半透明的强化玻璃，给这座漂浮的建造物再次赋予建筑的概念。屋顶花园进行了防水处理，并且尊重船舶的习惯，在屋顶加上了驱赶恶灵的守护神。

河岸再利用的计划内，包含了对岸边的使用，也有考虑再现户外餐厅"海蓝之心"的计划——提供卡萨尼斯酒、海胆意大利面和鱿鱼圈。在塞纳河畔重现马丁角的氛围，就像柯布西耶所写的宣传语那样，将是一家"掌管友情的海蓝之星餐厅"（※图4-27）。

在监督改造的建筑师们的严格监理下，金属集装箱必不可少。但是对几公里长的河川沿岸改造来说非常困难。我曾经参与过位于皮昂瓦莱（Puy-en-Velay）近郊卢瓦尔河7公里堤岸的改造，确实非常艰难。除此之外，还参与过蒙托邦（Montauban）塔恩河的河堤改造。

塞纳河畔是各种改造工程的常客。曾经从船上卸下的货物就这么堆在河岸旁。曾经是环状路的地方，如今仍有铁路的残留，渐渐成为散步的空间。塞纳河畔曾举办过各种各样的博览会，突尼斯馆、柬埔寨馆、印度馆等世界各地的梦幻展馆，就倒映在这河面之上。2013年开始，巴黎也被集装箱塞满了。世界各地的港口都被堆得像山一样的货柜箱占领了，是货柜将风景同化了吗，我不禁复杂地想到。奥斯特里茨桥的驳岸边，是不是也会变得像索尔费里诺（Solférino）或者赛莱斯坦（Célestins）河岸一样，脱离巴黎历史，而变成平庸的存在呢？

当时，平底船在距离岸边8米的地方远远地停靠着，将船稳固支撑的措施必不可少。8米的长度是根据1910年1月的巴黎大洪水的最高水位标准制定的，当时有两个生命因此丧生。一个是从甲板上摔落的男性，另一个是巴黎动植物园的一头长颈鹿。由于大型动物无法避难，这头长颈鹿因感染肺炎死亡。若是今日也发生那么大的洪水，后果想必会更严重吧。1910年，人口集中在巴黎市，郊外即使有影响，仍有可以泄洪的地区。但如今这是不可能的了。

在柯布西耶的期望中，"路易丝-凯瑟琳号"是一艘漂浮在塞纳河上的小岛。从漂浮建筑和河岸的关系来看，将"路易丝-凯瑟琳号"固定在离岸8米处，是一个可以从岸边观察到全体船身的理想位置（※图4-28）。

为优化而举行的 研讨会

2014年6至7月，主题为"'路易丝-凯瑟琳号'的盛宴——源自柏拉图的'会饮'，'为了优化的研讨会'"举行。会议由在纽约哥伦比亚大学攻读公共卫生硕士学位的维罗尼卡·洛佩兹（Veronica Lopez）主持的，是一个边吃边聊的讨论会。会议分为数个部分，讨论了追求健康的权利、关于大众经济补助的综合研究、文化等内容。

这个研讨会沿袭了柯布西耶喜爱举办宴会的传统，如1911年拉绍德封的晚餐会、战后的"海蓝之星"餐厅等。晚上的聚餐开始时，大家在船的中央聚集，这里位于厨房的窗边，曾经是漂浮的庇护所的食堂。

这是一次使用戈丹（Godin）公司出品的高级纯黑灶具的火之洗礼仪式。使用电气炉具，是基于船上安全的考虑。选择戈丹公司，是因为该公司产品性能优越，又因为戈丹与城市的历史进程也息息相关。被让-巴普蒂斯特·戈丹（Jean-Baptiste Godin）[*12]视为理想乡的"Familistère de Guise"共同体[*13]，是城市组织创新的一个典范。包含有集合住宅、便利设施、游泳池、洗衣房、学校、剧场，柯布西耶的居住单位横空出世。所以对城市（研究）有兴趣的人来说，Guise也是一个值得到

*12 让-巴普蒂斯特·戈丹（1817—1888），法国实业家，社会主义者，政治家。
*13 傅立叶所提倡的单独建筑具有集住功能，是可以独立经营的共同体。

访的场所。开幕式让人联想到"救世军"在同一个房间举办过的圣诞晚宴。从照片上来看，厨房窗口挂着的黑板上记录的圣诞菜单依稀可辨——"炖猪肉、拌扁豆"。大家都微笑着看向镜头，餐桌上还可以看到每个人的杯子旁都摆着一瓶葡萄酒（※图4-29）。

没有美味葡萄酒的晚餐是无法想象的。一旁的电炉里还冒着炖猪肉的热气，让人垂涎欲滴。皮埃尔·巴鲁（Pierre Barouh）清唱一曲《最后的机会》（*Last chance Cabalet*），为这充满建设想象力的时刻画上了完美的句点。集巴鲁生涯之大成的诗作《地下水路》（*Les Rivières souter-raines*，2012年）中，抒发了诗人的畅想，越过大山，跨过谷地，化作万千河川，今宵，注入这条将我们托起的大河之中，描绘难以捉摸的水流（※图4-30、图4-31）。

※图4-29 "路易丝－凯瑟琳号"上举办圣诞晚宴时的样子

Elle est ouverte puisque
tout est présent disponibl
saisissable

Ouverte pour recevoir
Ouverte aussi pour que chacun
y vienne prendre
        Les eaux ruissellent
        le soleil illumine
        Les complexités ont tissé
        leur trame
        Les fluides sont partout
Les outils dans la main
Les caresses de la main
La vie que l'on goûte par
le pétrissement des mains
La vie qui est dans la
palpation
. . . .
Pleine main j'ai reçu
pleine main je donne.

与漂浮的庇护所
（"Asile Flottant"）的十二年

与本书的作者康塔尔-迪帕尔的
结识是从与漂浮的庇护所的奇遇
开始的。全球各地有许多年轻人

为了成为建筑师聚集到了勒·柯布西耶的身边，其中也
包括日本建筑师前川国男、坂仓准三、吉坂隆正等，他
们为后来的日本现代建筑打下了基础。但是，因为我和
这些建筑师并没有什么直接的联系，所以与柯布西耶的
这个不为人知的名作漂浮的庇护所的缘分以及成为本书
编译者的原委，可能需要慢慢道来。

2005年经朋友辰巳明久介绍，通过巴黎的Codex出版社出版了著作
《Paramodern Manifesto》。本书使用的是有趣的折纸型，展开后一共
有五联。其中包含了至今为止的各项工作、在巴黎-马拉盖法国国立高
等建筑学院的演讲记录、与蓬皮杜中心的对谈以及相关评论。书虽然是
用法语写的，却也使得我与漂浮的庇护所结下了不解之缘。在平时做设
计的时候，我时常感受着"来龙去脉""前因后果""命中注定"等这些
日本所谓的"缘"而进行工作，没想到竟能遇到这样的项目。我的书在
2005年底顺利发行，在出版庆祝会上，从工作人员的口中第一次得知
了漂浮的庇护所，并有幸相约第二天前去观看。第一次听说船不仅由柯
布西耶设计，而且仍然漂浮在塞纳河上，我怀着半信半疑的心情驱车驶
向奥斯特里茨高架桥。刚开始，除了很长的水平窗以外，没有什么令人
惊讶的地方，但是进入内部之后，立刻被意料之外的美丽空间所震惊。
内部的空间让人完全无法想象是在一艘船中，而且也有我从未看到过的
空间比例，不禁感叹这样的空间大概也就只此一处吧。即使如此，在这

里也几乎一眼便可以看到柯布西耶提出的建筑新五点的具体表现。2006年，我收到了来自漂浮的庇护所改造项目公司的邀标，他们邀请我为修复工程用的遮挡物做一个设计。特别是这个项目的主导让-马克·多芒热对我的作品非常中意，当后来得知他们是因此才邀请我来设计的时候，我也十分高兴。在日本国内，因出版与设计工作结缘，几乎是没有的，更是未曾想到能够通过建筑跨越文化和语言的障碍而得到共鸣是如此令人喜悦。在此之后，我也有幸见到了项目的五位负责人中的其中一位——康塔尔。

签订合同后，我们做了调查，推倒并提出了三个方案。这三个方案来自不同的思路，所以我们当时也十分期待他们到底会对哪个方案感兴趣。然而结果令我们真切感受到了，与法国方面负责人的沟通并不是靠语言，而是通过建筑。在我们为他们演示了设计方案后，他们选中的方案是其中最接近柯布西耶设计理念的方案，也是最难实现的方案。这是一个非常令人惊叹的结果，而更令人惊叹的是，据说在工程完工后这些遮挡结构将会被分成三个部分放置在巴黎市内的公园，作为休憩场所的遮蔽物。

随后，为了在给船体设置遮挡物时不加任何荷载，我们采用了德国制造商的铝成型技术以减少负荷，以及结合实际情况调整预算。待工作相继完成后，进入施工图设计阶段，我们与从事船体修复的巴黎年轻建筑师冯娜·查姆等共同协作，解决了细部构造的问题，为开工做好了准备。接下来的难题是拿到管辖塞纳河的巴黎市河川局的许可书。经过各种交涉后，终于在2008年拿到了巴黎市河川局的建设许可。适逢2008年的巴黎秋季艺术节因为这一届是"日本年"而举办了各种各样的活动，漂浮的庇护所的遮蔽物项目也入选了其中。同年的12月11日到第二年的1月15日，在巴黎东站附近的巴黎建筑与城市规划馆举办了漂浮的庇护所修复展，展出了相关的模型。在本书中也曾提过，活动以建筑师地方协会建筑馆的演讲会拉开帷幕，参加者的人数之多也终于让我真切感受到了这艘船的改造之路逐渐明朗起来。

　　然而，人生原本就是无法预测未来会发生什么。虽然是其他国家的事，但是由于雷曼兄弟破产引发的经济危机，使改造之路逐渐布满了阴霾。在此之后的数年间，我们靠着业主和一些微小的线索，试图能在日本找到实现改造项目的赞助商，但是日本的经济严峻状况也不亚于欧洲。我几乎每年都会到巴黎看看这艘船，看到它安然无恙地漂浮在河上却又想到工程一直无法开展，这种悲喜交加的心情一直持续到离开现场后。2014年底，当我再次造访现场时，看到了有关修复工程进展的告示牌，正当我准备联系业主的时候，康塔尔给我发了邮件。他告知我大约再过一些时日修复工程便可以进行了，剩下的栈桥设置工程可能需要从日本获得资金支持，还谈了对今后的展望。正在此时，我收到了这本名为《被柯布西耶爱着的船（暂定）》的书，便立刻着手找到翻译者古贺先生，拜托他把书翻译成日文版。回到日本后，我立刻开始寻找赞助者，但是难度颇高，并非易事。2016年，柯布西耶的17个作品入选世界文化遗产，随着柯布西耶在日本的知名度大幅提高，赞助者的出现也越来越值得期待。然而经过半年时间，并没有什么大的进展，直到一次偶然的机会，愿意接收栈桥制作并送往巴黎的公司出现了，这让我不禁感叹好事多磨。这家公司正是与建筑有关的企业——不锈钢生产商ALLOY。

　　比起感叹，更令人欣慰的是我们看到了这艘船再生的希望。为了让更多日本人知道漂浮的庇护所的传奇经历，我与康塔尔商谈之后，得到了柯布西耶基金会等的协助，并于2017年8月举办了"漂浮的庇护所改造展"。

在展览开幕之际，康塔尔第一次
来到日本，并做了纪念讲座。

我们正在以柯布西耶的原创风格为基础制作栈桥。当年搭建的栈桥大约 4 米左右，现今按照柯布西耶最早的设想，让船能稍微离开河岸一段距离，按 10 米进行设计。我们与结构师万田隆先生经过讨论，使用与当时不同的结构标准设计出了理想的构架。我们在与巴黎市河川局的沟通中据理力争，保证了理想构架的实现。在交涉困难之时，ALLOY 的西田社长慷慨宽容，使我们的制作图纸得到了认可。当时预计在 2017 年末完成制作，从日本起航，2018 年初运达位于塞纳河畔大西洋入海口的勒阿弗尔港。更大胆的提案是，康塔尔希望在栈桥上挂起日法两国国旗，从勒阿弗尔港出发，沿塞纳河岸用船将栈桥送至巴黎市内。然后到了春天，柯布西耶理想中的栈桥就会被架在漂浮的庇护所与河岸之间，船的内部也会再次向世人开放。这艘船虽然并未入选 2016 年世界文化遗产，但是说它只是不为人知的名作也并不夸张，通过本书，我想大家已经可以了解到它也是柯布西耶的一个重要作品了。

赘述虽然略长，我想表达的是，从康塔尔先生手中获得《被柯布西耶爱着的船》一书开始，到今天能够促成本书的翻译出版，都与这 12 年来的各种努力分不开。还有在文中登场的这些人物，在接下来的日子里也将会编织出新的故事。

2008 年完成遮蔽物设计的时候，有许多内容还不完全知晓，在翻译的过程中渐渐发现了漂浮的庇护所更多悠久、多样的过往。当然，我并没有翻译法语的素养，只是站在建筑的视角对日语版进行了润色。能够把康塔尔先生修辞独特的文章翻译成日文的是 2005 年将我的作品集翻

译成法语的古贺顺子女士。与古贺女士的结

缘从她为我翻译作品集开始，到后来的漂浮

的庇护所的遮蔽物设计项目，我们已并肩协作，走过了
许多年头，也就自然促成了本书的翻译。在此再次感谢
出色完成翻译工作的古贺女士、与我相识已久的老朋友
鹿岛出版社的相川幸二先生、为漂浮的庇护所的意象宣
传册提供了精美装订设计的一濑健人先生与野口理沙子
女士（Isna Design），以及为展览会和出版工作给予大
力支持的各位朋友。

　　最后，虽然在文中未详细说明，我参与了这个修复项目中一部分，而
对于修复这艘船的工作，未来还有很多事情需要去做。未来不管是否能
够从法国和世界获得更多的关注，柯布西耶对近现代日本建筑起步的重
要作用毋庸置疑。我因机缘巧合遇见这个项目并有幸参与其中，也希望
未来能获得更多对柯布西耶寄予关心的人们的支持。

后记

2018年2月10日，周六。

"路易丝-凯瑟琳"号的船头被打捞上岸。我们得到特别许可，利用大型起重船将这艘混凝土船拖了回来。柯布西耶的漂浮的建筑终于又回到了河面上，大家不禁拍手庆祝。

然而90分钟后，这个历史性建筑物又在我们的注视下一点一点地下沉，最终从眼前完全消失了。明年即将迎来百岁的混凝土船，运气确实差了一点，不幸撞上了之前为了修理它而在河岸侧面安装的金属物。

在建筑师远藤秀平的协助下，日本不锈钢加工业的代表企业ALLOY的西田光作社长为我们捐赠了两架栈桥，装设栈桥已是箭在弦上，却不想碰上了这样的事故。

这件事也让巴黎陷入了巨大的动摇中。世界各地对勒·柯布西耶抱有兴趣的人们也表达了关心与担忧，特别是日本，在事故发生后立即发表了团结的支援之声。重新打捞这艘诞生于100年前的"路易丝-凯瑟琳"号的支援活动，便再次运转起来。

感谢日本，这个称为"日出之国"的国度，对我们来说它是比以往任何时候都更加情深义重的国家。

参考文献－作者相关出版物－致谢

Tim Benton, *Le Corbusier le grand*, Paris, Editions Phaïdon,2008.

François Chaslin, *Un Corbusier*, Paris, Le Seuil,2015.

Olivier Cinqualbre et Frédéric Migayrou, *Le Corbusier mesure de l'homme*, Paris, Editions Centre Pompidou,2015.

Jean-Louis Cohen, *Encyclopédie Perret*, Paris,Editions LeMoniteur, 2002.

Jean-Louis Cohen, *Le Corbusier*, Paris, Editions Textuel, 2015.

Michael de Cossart, *Une américaine à Paris*, Paris, Plon,1979.

Maurice Culot, David Peycere et Gilles Ragot, *Les Frères Perret*, Paris, Editions Norma, 2006.

Philippe Hervouët, *L'infréquentable Jules*, Laval, Editions Siloë, 1999.

Xavier de Jarcy, *Le Corbusier, un fascisme français*, Paris,Albin Michel, 2015.

Jean Jenger, *Le Corbusier, l'architecture pour émouvoir*,Paris, Gallimard 1993.

Le Corbusier, *Vers une architecture*, Paris, Editions G.Griset Cie, 1923.

Le Corbusier, *Poème de l'angle droit*, Milano,Editions Electra achitettura, 2007.

Le Corbusier et Pierre Jeanneret, *Œuvre complète 1910-1929*, Zurich, Editions Girsberger, 1940.

Le Corbusier, *Œuvre complète 1929-1934*, Berlin, Editions Birkhaüser, 1958.

Le Corbusier et Pierre Jeanneret, *Œuvre complète 1934-1938*, Zurich, Editions Girsberger, 1995.

Le Corbusier, *Œuvre complète 1938-1946*, Zurich, Editions Girsberger, 1961.

Nantes universitaire, numéro spécial Exposition Le Corbusier, Nantes, 1964.

Le Petit journal n° 25, Paris, Fédération des syndicats de l'architecture, 1987.

Marc Perelman, *Le Corbusier, une froide vision du monde*, Paris, Michalon, 2015.

Claude Prelorenzo, *Eileen Gray, l'Etoile de mer, Le Corbusier*, Paris, Editions Archibooks, 2013.

Gilles Ragot et Mathilde Dion, *Le Corbusier en France*, Paris, Editions Le Moniteur, 1997.

Paul V. Turner, *Formation de Le Corbusier*, Paris, Editions Macula, 1987.

Stanislas Von Moos, *Le Corbusier, une synthèse*, Marseille,Editions Parenthèses, 2013.

与他人合作图书

*La ville à livre ouvert, regard sur 50 ans
d'habitat*, avec Roland Castro, Réflexion publique
sur l'habitat en France, Paris, La Documentation
Française, 1978.

Les Ponts de paris, voyage fantastique, illustrations
de Jean Pattou, Paris, Editions Jeanne Laffitte,
1991.

Le Port, cadre de ville, avec Claude Chaline,
Association Internationale Villes et Ports, Paris,
L'Harmattan, 1993.

Merci la ville !, Paris, Editions du Castor Astral, 1994.

Les Ponts de Nantes d'hier et d'aujourd'hui, préface
et collaboration à l'ouvrage collectif, Nantes,
Coiffard Libraire Editeur, 1995.

*Naissances et renaissances de mille et un bonheurs
parisiens*, avec Jean Nouvel et Jean-Marie
Duthileul, Paris,Editions du Mont Boron, 2009.

专著

Mindy Thompson Fullilove, *Urban alchemy,
restoring Joy in America's Sorted-Out
Cities*, New Village Press, 2013.

致谢

我对提供本书内容的下列人员
致以深深的谢意

Je remercie tous ceux qui ont permis que cette
histoire soit racontée : Jean-Pierre Duport puis
Antoine Picon présidents, et Michel Richard,
directeur, de la Fondation Le Corbusier ; Alexis
Rouque, directeur de Ports de Paris ; Dominique
Cerclet, conservateur général du patrimoine et
les services de la Direction Régionale des Affaires
Culturelles d'Île-de-France ; l'Armée du Salut pour
le don des archives du « Louise-Catherine » ; Yves
Petit de Voize, de la Fondation Singer-Polignac ;
Michael Likierman, président de l'Association Cap
Moderne ; Noémie Koechlin pour les oeuvres de
Jules Grandjouan ; Françis Lepigeon, directeur de
la Société du Théâtre des Champs-Elysées, Yves
Chailleux, Jean-Paul Dumontier, Lucien Godin, Jean-
Luc Pellerin et les 80 étudiants de l'Atelier 65 qui
ont conçu et monté l'exposition « Apprendre à voir
l'architecture à travers l'oeuvre de Le Corbusier »
en 1964 à Nantes ; Robert et Magda Rebutato pour
leur témoignage ; Virginie Le Carvennec et Sibylle
Rérolle, pour leurs relectures ; Brigitte et Jean-Marc
Ayrault, Michèle Cassaro dite Mimine, Frédéric
Sichler et Pierre Perron pour leur aide.

登场人物相关图

P34：罗氏街43号

P113：阿斯特大街

P56：泰尔内大道40号

P58：马勒塞布大街83-2号

P51：塞纳河畔讷伊

P31：米罗梅尼尔大道92号

P118：彭提维大街

P24：香榭丽舍大街

P127：香榭丽舍大街巴尔扎克大街的夹角

凯旋门

P58：克莱伯大街27号

P24：蒙田大道

P25：马里尼广场(遗迹)

P92：巴黎大皇宫

P24：香榭丽舍大剧院

P59：乔治·曼德尔大街

P49：巴希墓地

P93：亚历山大三世桥

埃菲尔铁塔

P24：荣军院桥

P56：小皇宫

P59：巴斯德·马克·布尼亚塔大街

P150：拉斯卡兹大街18号

艺术桥

P45：布杂大街

P53：塞纳路20号

巴黎国立高等美术学院

P139：亨利四世广场

P53：艾琳的自宅

P53：艾琳·格雷的工作室

P45：雅各布大街

P53：雅各布大街20号

P68：圣米歇尔河畔3号

作者康塔尔·迪帕尔的办公室

巴黎圣母院

P48：龙街31号

P36：丹东街

P121：塞夫尔大街35号

0 100m 300m 500m

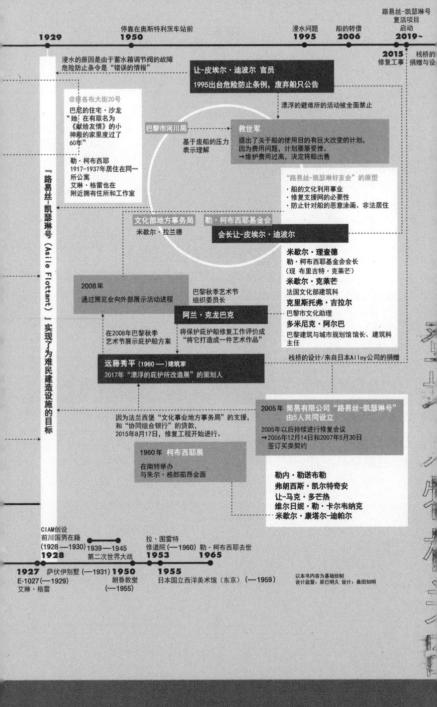

「路易丝-凯瑟琳号 (Asile Flottant)」实现了为难民建造设施的目标

1929

停靠在奥斯特利茨车站前
1950

浸水问题
1995

船的转借
2006

路易丝-凯瑟琳号
复活项目
启动
2019~

2015
修复工事

栈桥的捐赠与设

浸水的原因是由于蓄水箱调节阀的故障
危险防止条令是"错误的情报"

让-皮埃尔·迪波尔 官员
1995出台危险防止条例，废弃船只公告

@雅各布大街20号
巴尼的住宅·沙龙
"她: 在有取名为
《献给友情》的小
神殿的家里度过了
60年"

漂浮的避难所的活动被全面禁止

巴黎市河川局

救世军

勒·柯布西耶
1917-1937年居住在同一
所公寓
艾琳·格雷也在
附近拥有住所和工作室

基于废船的压力
表示理解

提出了关于船的使用目的有巨大改变的计划，
因为费用问题，计划屡屡受挫。
→维护费用过高，决定将船出售

"路易丝-凯瑟琳好友会"的原型
·船的文化利用事业
·修复支援网的必要性
·防止针对船的恶意涂画、非法居住

文化部地方事务局
米歇尔·拉兰德

勒·柯布西耶基金会

会长让-皮埃尔·迪波尔

米歇尔·理查德
勒·柯布西耶基金会会长
（现 布里吉特·克莱芒）

米歇尔·克莱芒
法国文化部建筑科

克里斯托弗·吉拉尔
巴黎市文化助理

多米尼克·阿尔巴
巴黎建筑与城市规划馆馆长、建筑科
主任

2008年
通过展览会向外部展示活动进程

巴黎秋季艺术节
组织委员长

阿兰·克龙巴克

在2008年巴黎秋季
艺术节展示庇护船方案

将保护庇护船修复工作评价成
"将它打造成一件艺术作品"

栈桥的设计/来自日本Alloy公司的捐赠

远藤秀平 (1960 ——) 建筑家
2017年"漂浮的庇护所改造展"的策划人

因为法兰西堡"文化事业地方事务局"的支援，
和"协同组合银行"的贷款，
2015年8月17日，修复工程开始进行。

2005 年 简易有限公司"路易丝-凯瑟琳号"
由5人共同设立
2005年以后持续进行修复会议
→2006年12月14日和2007年5月30日
签订买卖契约

1960年 柯布西耶展
在南特举办
与朱尔·格郎茹昂会面

勒内·勒诺布勒
弗朗索瓦·凯尔特奇安
让-马克·多芒热
维尔日妮·勒·卡尔韦纳克
米歇尔·康塔尔-迪帕尔

CIAM创设
前川国男在籍
(1928 – 1930)
1928

1939–1945
第二次世界大战

拉·图雷特
修道院 (——1960)
1953

勒·柯布西耶去世
1965

1927
E·1027 (——1931)
艾琳·格雷

萨伏伊别墅 (——1931)
1950
朗香教堂
(——1955)

1955
日本国立西洋美术馆（东京）(——1959)

以本书内容为基础绘制
设计监智: 辰巳明久 设计: 桑田知明

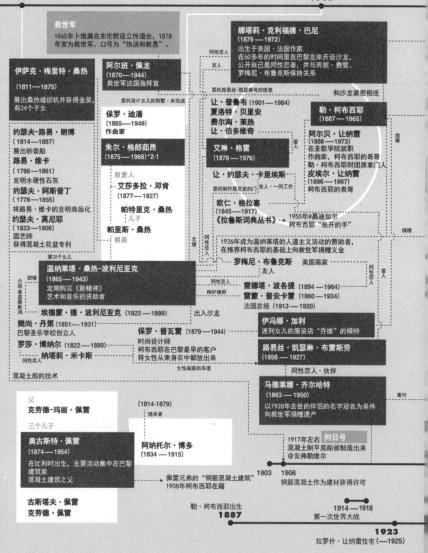

巴黎世博会 **1855**　　　尼罗河观光船 **1910**

救世军
1865年卜维廉在东伦敦设立传道会，1878年变为救世军。口号为"热汤和救患"。

娜塔莉·克利福德·巴尼
（1876 — 1972）
出生于美国·法国作家
在60多年的时间里在巴黎左岸开设沙龙，公开自己是同性恋者，并与芮妮·费雯、罗梅尼·布鲁斯保持关系

和沙龙紧密相连

伊萨克·梅里特·桑热
（1811 — 1875）
展出桑热缝纫机并获得金奖，有24个子女

阿尔班·佩龙
（1870 — 1944）
救世军法国指挥官

保罗·迪潘
（1865 — 1949）
作曲家

朱尔·格郎茹昂
（1875 — 1968）*2-1

同性恋人
友人
委托设计女儿的别墅·未完成

让·普鲁韦（1901 — 1984）
夏洛特·贝里安
费尔南·莱热
让·伯多维奇

艾琳·格雷
（1878 — 1976）

勒·柯布西耶
（1887 — 1965）

阿尔贝·让纳雷
（1886 — 1973）
在圣歌学院就职
作曲家，柯布西耶的哥哥
勒·柯布西耶财团原掌门人

皮埃尔·让纳雷
（1896 — 1967）
柯布西耶的表哥

结识
损赠

约瑟夫-路易·朗博
（1814 — 1887）
展出砂浆船
路易·维卡
（1786 — 1861）
发明水硬性石灰
约瑟夫·阿斯普丁
（1778 — 1855）
将路易·维卡的发明商品化
约瑟夫·莫尼耶
（1823 — 1906）
园艺师
获得混凝土花盆专利

原爱人
艾莎多拉·邓肯
（1877 — 1927）
儿子
帕特里克·桑热
姐弟
帕里斯·桑热

让·约瑟夫·卡里埃斯
委托制作展定室的门
友人·一同工作

欧仁·格拉塞
（1845 — 1917）
《拉鲁斯词典丛书》　→　1955年@昌迪加尔
柯布西耶"张开的手"

爱人

第20个女儿

1926年成为温纳莱塔的人道主义活动的赞助者，在推荐柯布西耶的基础上向救世军捐赠义金

罗梅尼·布鲁斯　美国画家
友人

温纳莱塔·桑热-波利尼亚克
（1865 — 1943）
定期购买《新精神》
艺术和音乐的资助者

结婚
介绍者迪德里斯

支持

同性恋人

辩护律师

雷娜塔·波各提（1894 — 1964）
雷蒙·普安卡雷（1860 — 1934）
法国总统（1913 — 1920）

埃德蒙·德·波利尼亚克（1822 — 1899）
樊尚·丹第（1851 — 1931）
巴黎圣乐学校创立人
罗莎·博纳尔（1822 — 1899）
同性恋人
纳塔莉·米卡斯

出入沙龙

保罗·普瓦雷（1879 — 1944）
时尚设计师
柯布西耶在巴黎最早的客户
将女性从束身衣中解放出来

女性画家的系谱

伊冯娜·加利
波兰女儿的服装店"乔维"的模特

路易丝·凯瑟琳·布雷斯劳
（1856 — 1927）

同性恋人

受

同性恋人，伙伴

混凝土船的技术

马德莱娜·齐尔哈特
（1863 — 1950）
以1928年去世的伴侣的名字冠名为条件
向救世军捐赠遗产

寄付

父
克劳德-玛丽·佩雷
三个儿子

奥古斯特·佩雷
（1874 — 1954）
在比利时出生，主要活动集中在巴黎
建筑家
混凝土建筑之父

古斯塔夫·佩雷
克劳德·佩雷

（1814 — 1879）
继承者
阿纳托尔·博多
（1834 — 1915）

列日号
1917年左右
混凝土制平底船被制造出来
@安弗勒维尔

佩雷兄弟的"钢筋混凝土建筑"
1908年柯布西耶在籍

1903　**1906**
钢筋混凝土作为建材获得许可

勒·柯布西耶出生
1887

1914 — 1918
第一次世界大战

1923
拉罗什·让纳雷住宅（— 1925）

P62：克利希大街68号

P62：罗什舒瓦尔大街84号

巴黎北站

P62：维克多·马赛大街12号

巴黎东站

P107：戈多莫鲁瓦大街

P48：全景廊街

P29：傅丽剧场(遗址)

P48：薇薇安大街51号

P24：协和广场

P29：儒勒·凡尔纳抒情剧院(遗址)

P29：庙宇大街

P33：杜伊勒里宫(遗址)

卢浮宫

蓬皮杜中心

P139：艺术桥下的卢浮停靠处

P132：巴黎新桥

P139：艺术桥

P139：法兰西学会和造币局

P200：圣安德烈艺术路

P25：巴黎天主教大学

巴黎圣母院

里昂站

P7：奥斯特利茨高架桥

P194：奥斯特利茨桥

P25：沃吉拉街

P110：塞夫尔大街35号

P68：圣女日南斐法修道院

P37：热内街

路易斯·凯瑟琳号

P56：布瓦松纳大街

P7：奥斯特利茨站

P115：布瓦埃舞场(遗址)

0   500m   1km

P90：德努

P211：讷伊桥

P113：格雷菲勒伯爵夫人邸

P111：柯布西耶的事务所

P192：凯旋门

P192：土木建设美术馆

P37：富兰克林大街

P172：奥尔赛站

P123：拉·罗什住宅(柯布西耶基金会)

P32：埃菲尔铁塔

P146：南热赛与科利大街24号

P115：圆亭咖啡馆

蒙帕纳斯站

P61：布洛涅-比扬古

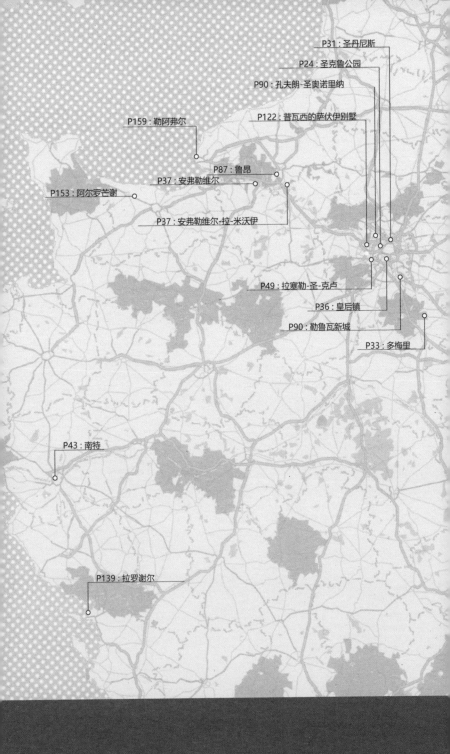

P31：圣丹尼斯

P24：圣克鲁公园

P90：孔夫朗-圣奥诺里纳

P122：普瓦西的萨伏伊别墅

P159：勒阿弗尔

P87：鲁昂

P37：安弗勒维尔

P153：阿尔罗芒谢

P37：安弗勒维尔-拉-米沃伊

P49：拉塞勒-圣-克卢

P36：皇后镇

P90：勒鲁瓦新城

P33：多梅里

P43：南特

P139：拉罗谢尔

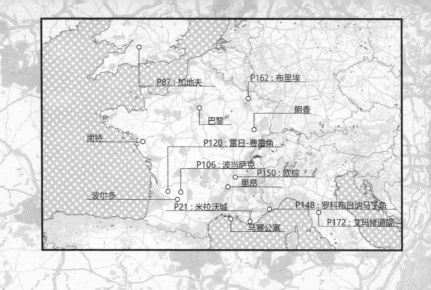

P87：加地夫
P162：布里埃
朗香
巴黎
南特
P120：雷日-弗雷角
P106：波当萨克
P150：欧综
波尔多
里昂
P21：米拉沃城
P148：罗科布吕讷马丁角
P172：艾玛修道院
马赛公寓

P65：朗香教堂
P152：弗泽莱
P64：贝尔福特
P56：圣-阿芒-皮伊塞埃
P64：拉绍德封
P161：勒泽
P152：维希
P162：菲尔米尼
P164：拉图雷特修道院
P164：阿布雷伦

制作／神户大学远藤秀平研究室　小林琼　山本修大　松田星斗　楠满叶

0　　　　20km　　　50km

著作权合同登记图字：01-2019-2617 号

图书在版编目（CIP）数据

漂浮的庇护所：勒·柯布西耶与路易丝-凯瑟琳号／（法）米歇尔·康塔尔-迪帕尔著；李未萌等译. —北京：中国建筑工业出版社，2019.9

ISBN 978-7-112-23936-8

Ⅰ. ①漂… Ⅱ. ①米… ②李… Ⅲ. ①建筑艺术－研究－法国 Ⅳ. ①TU-865.65

中国版本图书馆CIP数据核字（2019）第131431号

Avec Le Corbusier, l'aventure du « Louise-Catherine »
Michel Cantal-Dupart
ISBN 978-2-271-08747-8
Original © CRNS Éditions, 2015
Chinese Translation Copyright © China Architecture & Building Press 2019
China Architecture & Building Press is authorized to publish and distribute exclusively
the Chinese edition (simplified Chinese characters). This edition is authorized for sale
throughout the Mainland (China), excluding Hong Kong, Taïwan, Macao. No part of
the publication may be reproduced or distributed by any means, or stored in a database
or retrieval system, without the prior written permission of the publisher.
本书中文简体字版由法国 CNRS Éditions 授权中国建筑工业出版社独家出版
发行，并在中国大陆地区销售。

责任编辑：李　婧　刘文昕
书籍设计：张悟静
责任校对：李美娜

漂 浮 的 庇 护 所

勒·柯布西耶与路易丝-凯瑟琳号

[法] 米歇尔·康塔尔-迪帕尔　著

李未萌　王敬妍　张慧若　王兆琦　董弋奉　译

中国建筑工业出版社出版、发行（北京海淀三里河路9号）
各地新华书店、建筑书店经销
北京锋尚制版有限公司制版
北京富诚彩色印刷有限公司印刷

开本 889×1194 毫米 1/32 印张 7⅞ 插页 8 字数 211千字
2020年7月第一版 2020年7月第一次印刷

定价：55.00元
ISBN 978-7-112-23936-8
　　（33880）